本书受到国家自科基金项目“区域知识战略定位方法研究：基于知识结构与知识能力评估”（项目编号：71603005）、北京市属高校青年拔尖人才培育计划项目“区域知识战略定位方法及其应用研究”（项目编号：1759-009）和北方工业大学优设）学科项目（项目编号：XN081）的资助。

区域知识战略定位方法研究

基于知识结构与知识能力评估

Research on Regional Knowledge Strategic Positioning
Based on the Assessment of Regional Knowledge Structure and Capability

蒋贵凰◎著

经济管理出版社
ECONOMY & MANAGEMENT PUBLISHING HOUSE

图书在版编目（CIP）数据

区域知识战略定位方法研究：基于知识结构与知识能力评估 / 蒋贵凰著. —北京：经济管理出版社，2018.12

ISBN 978-7-5096-6290-8

Ⅰ. ①区… Ⅱ. ①蒋… Ⅲ. ①知识管理—研究 Ⅳ. ①G302

中国版本图书馆 CIP 数据核字（2018）第 293468 号

组稿编辑：赵亚荣
责任编辑：赵亚荣
责任印制：黄章平
责任校对：董杉珊

出版发行：经济管理出版社
（北京市海淀区北蜂窝 8 号中雅大厦 A 座 11 层 100038）
网　　址：www. E-mp. com. cn
电　　话：(010) 51915602
印　　刷：北京晨旭印刷厂
经　　销：新华书店
开　　本：720mm×1000mm /16
印　　张：10. 5
字　　数：140 千字
版　　次：2019 年 2 月第 1 版　　2019 年 2 月第 1 次印刷
书　　号：ISBN 978-7-5096-6290-8
定　　价：58. 00 元

序言

从中华人民共和国成立以来，我国一直强调要走一条有中国特色的自主创新之路，从“向科学进军”到“打破常规，跨越式发展”，从“科学技术是生产力”到“科学技术是第一生产力”，从“科教兴国战略”到“提高自主创新能力”，从“建设创新型国家”到“创新驱动发展战略”，我国一直在科技追赶的道路上。随着传统的以投资、廉价劳动力、土地、环境为主要驱动力的经济增长模式已难以为继，党的十八大以来，“新型城镇化”“经济新常态”“大众创业，万众创新”“互联网+”“智慧城市”成为热门的核心词汇，它们体现了我国开始从政策层面真正启动创新转型战略，企业在经济新常态格局下面临更激烈的竞争，低效率的企业将不断被淘汰，技术创新与产品质量的提升将成为企业未来的关键。区域作为企业的载体，需要从政策层面给予企业相应的引导、支持和服务，推动结构改革，增强发展新动能，加强创新领域合作，推进新型城镇化。

与此同时，随着组织经营所面临的外部环境，特别是支持组织运作的技术的不断变化，组织管理理论也不断经历着改革浪潮，如20世纪60年代的战略长期规划理论、全面质量管理理论；20世纪70年代以SWOT、波士顿矩阵等为代表的经营组合管理理论；20世纪80年代的一般竞争战略、五力模型、供应链管理、价值链分析、企业流程再造、六西格玛管理；20世纪90年代的核心资源与核心能力理论、学习型组织、企业资源规划、客户关系管理、平衡计分卡；21世纪以来组织管理理论更是进入到百花齐放的分化阶段，出现了全球化经营管理、战略联盟、社会网络、蓝海战略、生态圈、商业模式创新、爆品战略等多种理论。虽然每个管理理论的背后，都有众多研究学者形成的扎实的理论基础、统计数据和案例验证，然而对实务界的企业管理者而言，只有能够从中获取深层的概念性知识，并能有效地吸收、消化，且能依据自身的组织特性发展出一套适合组织的改革战略，才能成功实现企业预期的战略目标。反之，随波逐流的模仿和生搬硬套，只会导致企业投资的失败和浪费。在这种情况下，知识管理和在知识管理基础上推动的创新管理受到众多企业的青睐。那么，区域层面是否需要知识管理，是否需要基于知识管理的战略定位呢？

在对传统城镇化的研究中发现，我国新型城镇化建设面临着四大现实问题：①部分区域存在超前城镇化和滞后城镇化并存、动力机制不足的现象。一些区域特别是中西部地区由于中小城镇建设不足，导致产业结构调整困难，影响地区产业发展。而区域中的大城市却出现了过高的人口增长和蔓延式空间扩张，带来了缺乏产业依托的过度城市化和空心城市化问题。②区域间存在不平衡性，且缺乏良好的合作机制。以京津冀都市圈为例，由于产业梯度过大、区域协调机制不够完善等原因，始终难以发挥互补性优势。③由产业带动的城市品牌效应不足，存在无定位、定位模糊、定位趋同现象。基于对国内外城市品牌建设的对比也会发现我国城市品牌建设在城市特色、专业度和系统性等方面与发达国家仍存在较大差距。④传统城镇化已造成资源的过度消耗和环境的破坏，城镇创新能力不足，经济发展方式粗放。随着我国城镇化进程的推进，侧重传统工业推动，人口和城镇规模及数量扩张的传统城镇化的弊端日益显现，盲目的城镇化建设与投资忽视了城镇化的质量，影响了区域的可持续发展。以上问题从表面看是产业发展与动力机制不足、区域合作缺乏、定位不清、创新能力不强造成的，究其根本原因却在于我国城镇化建设中区域产业和核心能力的定位缺乏可持续发展的理论指导。

目前，社会的发展和科学技术的创新与应用已大大提高了社会生产力，改变了产业结构、劳动组织结构和资源利用方式，也改变了人们的生活方式和区域空间形态，科技进步已成为区域发展和提升质量的重要动力，促进着区域的集约化发展。地区经济增长越来越依赖于自身资源区别于传统资源而形成的独特性，包括技术、信息、学习能力、劳动技能和经验、合作能力、网络、先进生产与运作流程等。在这一背景下，基于知识的区域发展理念、知识城市、智慧城市的实践研究引起各国城市管理当局、学术界和实务界的广泛关注。所谓基于知识的区域发展理念，强调以知识作为区域发展的资源基础，以技术和脑力创造的价值为主体，通过不断促进知识管理过程，有目的地鼓励和培育知识，通过研发、技术和智慧创造新产值来推动经济的发展。而区域知识战略的定位在其中起着至关重要的作用，正如同企业知识战略能够有效地帮助企业做好长期定位，明确发展方向，提升企业的创新能力和核心竞争力，改善企业的组织绩效一样，知识战略对区域也具有同样的指导意义，有利于区域的产业与核心能力定位，战略规划的制定与落实，引导知识的创新、共享和应用，促进区域实现长期有效发展。由于知识产生的效应不是一蹴而就的，需要经历长期的、持续的积淀，因此区域需要对自身将持续专注的知识领域进行明确，做出知识战略的定位，以适应知识经济时代的竞争需求。为此，能够有效支持区域实现知识战略定位的方法值得探讨。

本书将从理论角度探讨以下五个方面的内容：第一，区域知识管理相关的基础知识概念，包括数据、信息与知识的含义，知识管理的含义和区域知识管理的内涵。第二，区域知识管理需要做什么，区域知识管理的内容、任务和目标，及其在区域管理中的作用。第三，区域知识战略和区域知识战略定位的内涵，区域知识战略定位的意义，并提出促进我国各区域长期可持续发展的区域知识战略定位理论。第四，提出促进我国区域长期发展的知识战略定位的动态分析与选择方法，即基于专利数据、文献数据、就业数据等，形成的区域知识结构和知识能力测度方法，判断区域的知识结构和知识优势，评估区域知识能力，明确区域重点发展领域，探讨适合区域内特定领域发展的技术创新策略与方法等。该方法意在一方面帮助区域在知识经济时代做好知识战略的定位，提升区域的技术创新能力；另一方面帮助区域分析未来发展途径，探寻与其他区域合作的可行性、选择合作对象、确定合作方式。第五，知识战略定位方法的具体应用。首先，针对我国 31 个省份（港澳台地区除外），特别是京津冀地区，对区域知识结构评估和知识能力测度的相关理论进行应用，从知识优劣势互补与知识战略合作的角度对京津冀一体化提出相应的政策建议。其次，针对具体的汽车产业和数字取证技术，应用具体知识领域分析方法、专利地图法和科学知识图谱法，分析具体领域的发展方向，判断研究趋势。

目录

1 区域知识管理概念 …… 1

1.1 数据、信息与知识 …… 3

1.1.1 数据和信息 …… 3

1.1.2 知识 …… 7

1.1.3 数据、信息到知识 …… 9

1.2 知识管理 …… 11

1.3 区域知识管理的内涵 …… 15

2 区域知识管理 …… 17

2.1 区域知识战略管理 …… 20

2.1.1 战略管理理论的发展 …… 20

2.1.2 区域知识战略管理工作 …… 22

2.2 区域知识存量管理 …… 23

2.2.1 隐性知识和显性知识 …… 24

2.2.2 产业间的知识划分 …… 26

2.2.3 技术型知识和非技术型知识 …… 29

2.2.4 内部知识与外部知识 …… 30
2.3 区域创新环境管理 …… 31
2.4 区域智力资本管理 …… 33

3 区域知识战略定位 …… 35

3.1 区域知识战略定位相关概念 …… 38
3.1.1 区域发展规划理论 …… 38
3.1.2 战略定位理论发展 …… 40
3.1.3 区域知识战略定位思想的形成 …… 41
3.2 区域知识战略定位的意义 …… 43
3.2.1 区域发展进程与动力机制的演变 …… 43
3.2.2 区域研究热点演进趋势 …… 45
3.2.3 新型城镇化的需求 …… 49
3.3 区域知识战略定位理论模型 …… 53

4 区域知识战略定位方法 …… 59

4.1 区域知识战略定位的技术路线图 …… 61
4.2 基于专利的区域技术型知识结构测度方法 …… 64
4.2.1 基于专利的知识结构划分标准 …… 64
4.2.2 IPC-产业技术对照表的生成方法 …… 68
4.2.3 区域知识结构的可视化呈现方法 …… 69
4.3 基于就业区位熵的区域非技术知识结构测度方法 …… 71
4.4 区域知识能力测度方法 …… 73
4.4.1 区域知识能力的概念及其支撑模型 …… 73
4.4.2 区域知识能力测度指标与方法 …… 76

4.5 特定知识领域分析方法 …… 81
4.5.1 基于专利地图的特定领域知识分布与合作分析法 …… 82
4.5.2 基于科学知识图谱的特定领域知识发展脉络分析法 …… 84

5 区域知识战略定位方法的应用 …… 87

5.1 我国各省份的知识结构分析 …… 89
5.2 京津冀知识结构特征分析 …… 92
5.2.1 京津冀技术型知识结构分析 …… 93
5.2.2 京津冀非技术型知识结构分析 …… 97
5.2.3 基于知识视角的京津冀协同发展路径建议 …… 100
5.3 我国各省份的知识能力分析 …… 103
5.4 专利地图在汽车产业分析中的应用 …… 106
5.4.1 汽车产业技术创新现状分析 …… 108
5.4.2 我国汽车产业区域分布与合作情况分析 …… 109
5.4.3 汽车产业研究热点趋势分析 …… 113
5.4.4 我国汽车产业技术创新战略建议 …… 115
5.5 科学知识图谱在数字取证领域的应用 …… 117
5.5.1 数字取证领域研究热点主题及其演变分析 …… 119
5.5.2 数字取证领域研究主题间的关系结构分析 …… 122
5.5.3 数字取证领域关键文献分析 …… 123
5.5.4 数字取证领域研究结论 …… 127

6 研究总结与展望 …… 129

参考文献 …… 135

1

区域知识管理概念

1.1 数据、信息与知识

要想真正理解知识管理，首先需要理解知识，而对知识的理解又需要从数据和信息开始。很多时候人们非常容易混淆这三个概念，但它们在本质上存在着很大的差异。在学术界被普遍接受的共识是信息来源于数据，是加工过、有价值的数据；知识来源于信息，是规律化的信息。那我们就从源头——数据说起吧。

1.1.1 数据和信息

《汉语词典》中对“数据”一词的解释：一是“科学实验、检验、统计等所获得的和用于科学研究、技术设计、查证、决策等的数值”；二是“经由调查或实验得到，而尚未经过有效处理的数值”。可见，数据是人们对客观事实进行观察而记录的结果，是用于表示客观事物的未经加工的原始素材，是可以加以鉴别的各种符号。由于信息技术的不断发展，人们对事物记录的方式也变得越来越丰富，使数据有着多种多样的呈现形式。因此，数据的具体形式和含义具有动态性。

信息从字面含义上可以泛指人类社会传播的一切内容，包括各种音讯、消息、各类系统传输和处理的对象。信息是有意义的，这是它与数据最大的区别，我们直观看到或听到的文字、图形、图像、景象、声音、影视、动画等都是数据，而它们承载的内容，或说能够被人们理解和捕获的内容才是信息。这体现出信息的抽象性，它是人们看不见、摸不着的，我们能感受到的是信息的载体——数据。世界是由物质组成的。物质是运动变化的。客观变化的事物不断地呈现出各种不同的信息，使信息无处不在、无时不有。人们一方面通过获得、识别自然界和社会的不同信息来区别不同事物，来认识世界；另一方面通过对获得的数据和信息进行加工处理，得到新的信息并加以利用，来改造世界。

信息论的创始人申农认为信息是用以消除不确定性的东西。《辞海》中对信息的解释是“收信者接收到的事先不知道的报导”。在计算机领域认为信息是加工过的数据。可见，信息具有价值性、时效性和可再加工性。信息的这三个特性，使信息成为信息社会重要的资源。通常，不同的信息其价值是不一样的，但同样的信息对不同的人，价值也是不一样的。由于信息的价值受到时间和空间的影响，获取及时有效的信息已成为当今组织竞争的重要手段之一。

广义上来讲，我们人类从古至今经历了六次信息技术革命，并正在经历着第七次信息技术革命，这些变革不断改变着人们信息分享、传播和交互的方式。伴随着一次次信息技术革命，数据的概念和形式被不断地丰富、扩充和演变；人们对信息的获取、处理和利用效率也越来越高。

前三次信息技术革命很容易被人们忽视，但它们对人类信息传承和文明的发展起到关键性的作用。第一次信息技术革命是语言的产生和使用，发生在距今 35000~50000 年前。语言是人类进行思想交流和信息传播的首要工具，是人类区别于其他动物的本质特征之一。即使没有文字，历史上一些重要事件也可在语言的帮助下通过传奇故事或神话故事传颂下来。然而语言依然在很大程度上受到时空的限制。第二次信息技术革命是文字的出现和使用，发生在公元前 14 世纪的铁器时代。文字的出现使人类对信息的保存和传播取得了重大突破，信息的传播一定程度上超越了时间和地域的局限，形成了最初的信息存储技术。第三次信息技术革命是造纸术和印刷术的发明和使用。我国大约在公元 1040 年开始使用活字印刷技术，欧洲人于 1451 年开始使用印刷技术。印刷技术的产生，使书籍、报刊成为重要的信息储存和传播的媒体。信息的记录、存储、传递和使用因此扩大到更广阔的空间，产生了更为先进的信息获取、存储和传递技术。

第四次信息技术革命的标志是电信和无线电技术的应用，产生了电报、电话、广播等发明和相关业务的普及，使人类进入利用电磁波传播信息的时代。电磁电报的发明，主要归功于英国科学家约翰库克、惠斯通和美国科学家莫尔斯，他们几乎在同一时期制成了电磁电报机。1837 年莫尔斯进一步研制出了世界上第一台基于莫尔斯电码的有线电报机。该电报机利用电磁感应原理，使电磁体上连着的笔发生转动，从而在纸带上画出点、线符号。这些符号的适当组合（称为莫尔斯电码），可以表示全部字母，于是文字就可以经电线传送出去了。1844 年 5 月 24 日，人类历史上的第一份电报从美国国会大厦传送到了 40 英里外的巴尔的摩城。1861 年，林肯总统首次利用电报指挥战斗。1876 年 3 月 10 日，贝尔用自制的电话同他的助手通了话，标志着电话发明成功。1877 年，第一份用电话发出的新闻电讯稿被发送到波士顿的《世界报》，电话开始为公众所采用。1878 年，贝尔电话公司正式成立。1895 年，俄国人波波夫和意大利人马可尼分别成功地进行了无线电通信实验。1906 年，美国的费森登和亚历山德逊在纽约附近设立了一个广播站，并进行了有史以来第一次广播，从此，无线电的商业价值开始受到重视，20 世纪 20 年代无线广播得到蓬勃发展。

第五次信息技术革命是电视的发展、应用和普及，它使图像的远距离传播和电子显示成为现实。19 世纪末，少数先驱者开始研究设计传送图像的技术。1904 年，英国人贝尔威尔和德国人柯隆发明了一次电传一张照片的电视技术。1923 年，俄裔美国科学家兹沃里金申请到光电显像管、电视发射器及电视接收器的专利，他首次采用全面性的“电子电视”发收系统，成为现代电视技术的先驱。1925 年，经过长时间的艰苦奋斗和无数次失败之后，贝尔德终于用电信号将人的形象搬上了屏幕。1929 年，英国广播公司允许贝尔德公司开展公共电视广播业务，之后，又转向了彩色电视的研究。1955 年美国家庭电视拥有率达到 72%，并逐渐在世界范围内得到普及，成为传播信息的重要途径。

第六次信息技术革命是电子计算机和互联网的应用和普及，它体现了计算机与现代通信技术的有机结合。1946 年，美国宾夕法尼亚大学正式对外公开了世界上第一台电子计算机 ENIAC。它使用了 17468 个真空电子管，耗电 174 千瓦，占地 170 平方米，重达 30 吨，每秒钟可进行 5000 次加法运算。随后，晶体管取代电子管，半导体工艺和集成电路取代晶体管，程序语言、结构化程序设计和面向对象程序设计思想的产生等，推动计算机技术日新月异地发展。互联网始于 1969 年，当时美国军方使用互联网的目的是能够提供一个通信网络，实现即使一些地点被核武器摧毁也能保证正常工作。到 1980 年，该网络开始向教育科研网转变；1989 年，万维网得以开发利用；1994 年，互联网开始进入商业领域，Yahoo、Netscape 成立；1995 年，Amazon 在互联网卖出第一本书；1999 年，Yahoo 的市值超过美国钢铁公司。从此，全球进入互联网飞速发展期。互联网作为第六次信息技术革命把人类信息的传播做到了极致，自由、开放、共享的互联网精神也影响了整个人类社会的发展。

互联网的进一步发展和人工智能技术的开发与应用，使我们正在经历着第七次信息技术革命。为什么这么说呢？因为“互联网+”和人工智能正在改变着我们今天的社会生活方式和经济文化活动，并将对未来产生巨大的影响。“互联网+”，也就是智能互联网，是由高速移动通信网络、大数据存储、挖掘和分析能力，以及智能感应能力共同形成的全新业务体系。传统互联网的根本力量是传播和交互，而“互联网+”是移动互联网、云计算、大数据、物联网等与现代制造业的结合，渗透到人们生活的方方面面。2016 年 3 月，谷歌旗下的阿尔法狗以 4∶1 的比分战胜了 9 段围棋高手李世石，不久后阿尔法狗的升级版 master 又横扫了中日韩顶尖职业高手，这都标志着人工智能时代的开启。现在，一方面人工智能代表的机器学习技术突飞猛进，另一方面大数据以及海量的计算能力不断增强，两者的结合也开启了我们对于一个新的智能时代的无限遐想。

一次次的信息技术革命，为数据提供了新的形态，为信息提供了新的载体和传播方式。除了声音、文字、图像、视频、动画之外，还会有新的数据形态吗？回答是必然的。信息技术的不断发展一定能够处理越来越丰富的信息载体，譬如面部识别技术、指纹识别技术、虹膜识别技术、头颅数据等能够对人体不同部位进行识别。IBM 曾预测未来人的喷嚏也许能够被识别来判断一个人身体的健康程度；婴儿的哭闹声可以被识别来判断哭闹的原因是饥饿、孤独、生病、不舒适，还是其他原因。脑科学预测未来能够识别每个人大脑是如何工作的，并通过人造大脑细胞和神经元修复帕金森等病人的脑疾病。

而在计算机和人工智能领域，大数据也以区别于传统数据的概念，备受重视。所谓大数据，是数量巨大、结构复杂、类型众多的数据结构的数据集合，对未来政府和企业决策至关重要。大数据并非简单的大量数据，它需要满足四大特征：一是大量（Volume），即数据体量庞大；二是高速性（Velocity），新数据产生的速度快，要求处理的速度也快；三是多样性（Variety），即数据种类繁多；四是价值性（Value），即数据必须具有价值，由于大数据的前三个特性，数据整体的价值密度较低，因此，价值性必须建立在高速处理能力上。智能互联技术现已把人类带入人数据时代，每天在线产生的数据是巨大的，未来颠覆性技术的产生和应用也需要以大数据技术为基石，它也让人们对数据和信息有了新的认识。

1.1.2 知识

提起知识，人们联想最多的是科学知识，包括源自学术研究机构的知识。但实际知识的范围很广，知识的积累从几千年前知识产生之时就是人类发展的基础，今天，它对于公司、组织甚至国家经济竞争力的重要性已得到广泛认同。那么什么是知识呢?

根据韦伯斯特（Webster）词典1997年的定义，知识是通过实践、研究、联系或调查获得的关于事物的事实和状态的认识，是对科学、艺术或技术的理解，是人类获得的关于真理和原理的认识的总和，即知识是人类积累的关于自然和社会的认识和经验的总和。

经济合作与发展组织（OECD）为了有利于经济分析，将知识按内容分为如下四种：关于“知道是什么”的知识，记载事实的数据；关于“知道为什么”的知识，记载自然和社会的原理与规律方面的理论；关于“知道怎样做”的知识，指某类工作的实际技巧和经验；关于“知道是谁”的知识，指谁知道是什么、谁知道为什么和谁知道怎么做的信息。

Maryam和Dorothy（2001）总结了前人对知识理解的六种不同观点：一是数据与信息的观点，认为数据是基础事实和原始数据，数据经过处理、赋予意义后成为信息，信息被人理解和利用、人格化后成为知识。二是思维状态的观点，知识是人对事物的知道和理解。三是对象的观点，知识是能够存储和操纵处理的对象。四是过程的观点，知识是专家意见、技能得以应用的过程。五是信息访问的观点，认为知识是能够获取、访问信息的条件。六是能力的观点，认为知识是影响行动的潜能。

达文波特和普鲁萨克（Davenport & Prusak，1997）很好地抓住了知识最有价值、最难管理的特征，把知识定义为结构化的经验、价值、语境信息、专家见解和直觉的非固定混合体，认为知识为评估和利用新经验与信息提供了环境和框架。知识源于知者的头脑，并为之所应用。在组织中，知识不仅常常内嵌在文件或存储库中，而且还存在于日常活动、流程和规范中。

知识是智能决策、预测、设计、规划、诊断、分析、评估和直觉判断的关键资源。它形成于个人和集体的头脑，并为之共享。数据库是无法直接产生知识的，只有将数据、信息与随着时间推移产生的经验和教训相结合，才能产生知识。而过去的经验又能够显性化，成为企业的知识存量。因此，知识总是以两种方式存在，并不断转化升华，即：已经存在并被认同的知识可以通过文字方式存储而显性存在；人们通过学习，对知识理解吸收，形成自己的观点，并使这些知识在大脑中隐性存在。隐性存在的知识成为利用数据、信息，指导人们行动的能力，并通过实践再次产生新的可以显性化的知识。在这个过程中，知识的价值体现在利用数据和信息，指导行动。因此，本书认为知识最终体现为一种能力，这种能力能够让人们产生有效的行动——为组织创造价值的行动。

1.1.3　数据、信息到知识

既然信息是数据载体中呈现出的有价值的内容，那么知识与信息存在什么区别呢？本节将通过一些实例来厘清知识与数据和信息的差异。

尽管信息和知识这两个词有时候可以互换使用，但依然存在本质上的区别。目前对知识比较简单的定义是规律化的信息。它需要满足被验证的、正确的、被人们相信的三个条件，通常反映事物之间的关联或特定领域的一些相关概念。知识与信息类似，同样具有抽象性、价值性、共享性和可再加工性。但与信息不同的是，知识并不随着时间的推移而消逝，也不会随着地理空间的变化而变化，其价值具有一定的永久性，因此具有规律性或共识性的知识是可以传承的。可见，知识比信息具有更高的价值性，可以指导人们处理数据获取信息，可以构建模型对信息进行再加工得到更有价值的信息，可以帮助人们利用信息识别事物的发展趋势，并做出行动决策。

从一些具体的例子更容易体会到知识与数据和信息的区别，如表 1-1 所示。

表 1-1 企业员工情况

员工编号	姓名	性别	籍贯	年龄	身高（cm）	体重（kg）	学历	职务
1101	胡一	女	湖北	24	165	45	本科	职员
1102	冯二	男	河北	28	180	80	本科	职员
1103	张三	女	安徽	30	158	60	硕士	总经理
1104	李四	男	广东	33	173	61	本科	职员
1105	王五	女	湖北	29	160	45	本科	经理助理
1106	刘六	男	河南	35	175	74	硕士	副总经理
1107	赵七	女	河南	33	155	50	本科	职员
1108	周八	男	河北	27	170	65	本科	职员
1109	苏九	女	辽宁	30	170	60	本科	职员
1110	陈十	男	辽宁	32	178	70	本科	经理助理

表 1-1 是虚构的一张某企业的员工情况表，该表中的每一个单一的空格中显示的文字或数字都属于数据，从单一的数据来看是难以获得有价值的内容的。但当我们掌握了有关表的知识，即表的构成原理，理解表的每列之间的关系，知道一行为一个人的信息时，就可以发现有意义的信息，知道表中每个人的性别、籍贯、年龄、身高、体重、学历、职务等。在需要的情况下，我们可以进一步利用统计知识，对表的信息进行加工，找到不同性别的员工群体、不同地域的员工群体、不同学历的员工群体等。此外，我们还可以利用感知性知识，通过一个人的身高和体重判断这个人的体形是魁梧、壮实，还是苗条。

再举一个例子，如图 1-1 所示，在一个采油区，把采出来的油装入大型油罐中储存。罐区管理员的工作职责是在一个油罐的油装满后把输油管切换到一个新的空油罐。已知每个油罐高度为 40 米，油目前是匀速地通过输油管输送到油罐中，当油罐装了 15 米高的油时，开始测度输油速度，发现过了一个小时，油罐中所装油的高度为 30 米。这时，罐区管理员需要等多久后切换油罐？

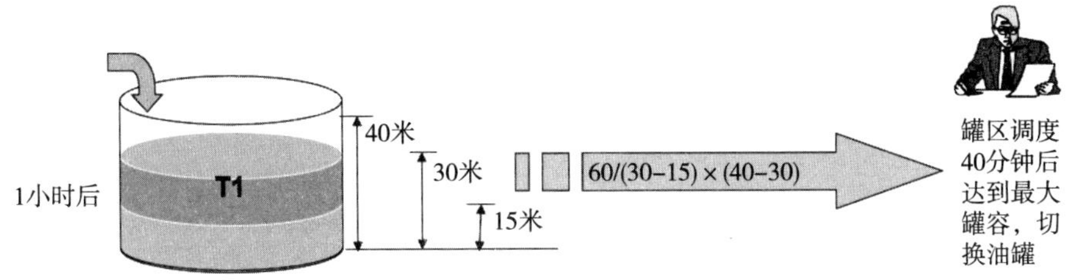

图 1-1 何时切换储油罐示例图

在图 1-1 中用数字标出来的地方都是数据，数据的含义是信息，当我们需要对数据和信息进行加工得出指导人们行为的决策时需要运用数学知识，首先算出油罐中油高出 1 米需要的时间，再计算剩余 10 米高的油罐装满需要 40 分钟，于是罐区管理员将在 40 分钟后切换油罐。

在上面两个例子中我们均用到了知识，包括数据库、统计和数学等方面的知识。我们可以感受到知识和信息的区别在于知识可以被反复应用。但这些知识来自哪里呢？它是人们在对事物观察中得出的共识性信息和有规律的信息，这些信息是以公认的表达方式，对一事物或在相同条件下反复出现的规律进行描述，形成知识传承下来。因此，知识是规律化的信息，这种规律可以被再次地、不断地利用来帮助人们处理数据和信息，感知和判断事物的状态，产生更有效的信息来辅助人们进行行为决策。信息是指加工以后的，能够对人们的活动产生影响的数据。因此，信息来源于数据，知识来源于信息。

1.2 知识管理

从上一节对数据、信息和知识的阐述中，可以发现信息的价值高于数据，知识的价值又远高于信息。一个人综合运用知识的能力体现出这个人的智慧，拥有智慧的人更具前瞻性。由于数据、信息、知识的价值是不断上升的，因此可以用纵向信息价值链来描述它们的关系，如图 1-2 所示。

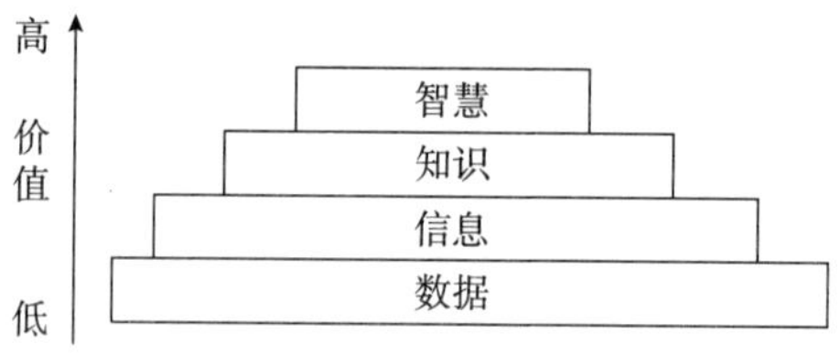

图 1-2　纵向信息价值链

这里智慧比知识更高一层，它的含义是：智慧浓缩了以往的知识和经验，表现出人对事物和事物发展趋势的洞察力和前瞻性。智慧得益于人的洞察力、直觉和长期经验，得益于人的价值观和信仰。为了具有更高的智慧，人们需要对知识进行有效的管理，实现已有知识应用价值的最大化，创造新的知识，产生新的未知信息，扩大知识存量，寻求新的价值增长点，提出前瞻性的行动建议，知识管理的概念开始受到人们的关注。

可以说，对知识的管理是人类自古以来就一直从事的活动。随着人类在生产等活动中投入的智力不断增加，由智力活动创造的价值不断提升，对知识进行有效管理变得越来越重要。具体来说，知识管理的理念与实践源于 20 世纪 80 年代，DEC 在 1980 年率先采用大型知识系统支持工程和销售；1986 年，知识管理概念首次在联合国国际劳工大会上提出；1989 年，《财富》杂志调查美国 100 家大企业的执行总裁，他们均认为知识是企业的最重要资产。1991 年，《财富》发表了关于知识管理的第一篇文章《脑力》；1995 年，美国质量与生产力中心和安达信的知识管理会议吸引 500 位企业高管并主持 11 家企业的知识管理基准调查；1999 年，美国有 80%的企业已经或正在实施知识管理计划；2000 年被确认为知识管理年。此时的知识管理概念主要针对企业层面，它并不是时髦的理念或风行一时的信息技术解决方案，它的出现是社会经济和技术发展的产物，同时又是企业内在需求的驱动。随着知识密集型企业在整个经济结构中的比例增大、企业竞争强度的逐渐加强、环境动态性的加剧，知识运营已成为产品和资本运营成功的基础，知识资本的增值是企业谋求的新的经济增长点，而知识管理是保持和增长知识资本的有效方法。

1998 年，有关知识管理的理念引入我国后，相关的研究论著如雨后春笋般不断涌现。但不同研究领域对知识管理有不同的认识，比如：从信息系统角度出发的学者对知识管理研究的重点是技术问题，从工程角度出发的学者把重点放在知识管理过程与活动上，从经济角度出发的学者把重点放在知识资产的价值上，而行为学家把重点放在知识管理所影响的组织行为和组织战略上。在国内，对知识管理的定义也没有形成统一的认识和界定，存在许多观点，有些甚至存在理解上的误区。国内学者在对国外观点吸收和理解的基础上，对知识管理的概念从不同的角度予以论述，其中颇具代表性的观点有：

（1）乌家培（1998）从知识管理和信息管理的关系角度出发，认为“信息管理是知识管理的基础，知识管理是信息管理的延伸和发展”。

（2）邱均平和段宇峰（2000）从知识活动的各个环节及相关因素出发，对知识管理进行定义：“对知识管理的概念可从狭义和广义角度理解：所谓狭义的知识管理主要针对知识本身进行管理，包括对知识的创新、获取、加工、存储、传播和应用的管理；广义上的知识管理不仅是对知识进行管理，而且还包括对与知识有关的各种资源和无形资产的管理，涉及知识组织、知识设施、知识资产、知识活动、知识人员的全方位和全过程的管理。”

（3）陈锐（2000）从知识管理的目标来阐述：“知识管理是一种综合了多学科知识和方法，通过系统管理组织的知识资源来提高组织效率、反应能力、竞争能力、创新能力和资本价值的信息管理理论与方法，是人类信息管理活动迄今为止最高级的形式和最新发展阶段。”

（4）王德禄（1998）认为，知识管理把存在于企业中的人力资源的不同方面和信息技术、市场分析乃至企业的经营战略等协调统一起来，共同为企业的发展服务。其出发点是将知识视为企业最重要的战略资源，把最大限度地掌握和利用知识作为提高企业竞争力的关键。

（5）顾敏（2001）认为，知识管理是为了解决大量知识或者说大量资讯（信息）的创新、组织与扩散的问题，其主要内容涉及知识创新的处理技术、知识组织的管理方法和知识扩散的路线与途径。

（6）朱晓峰和许发见（2000）认为，知识管理就是通过对知识系统化、组织化的管理，增进企业集体知识的获取、开发、管理、知识再造及自主学习意识和水平，通过提高知识生产率来提高劳动生产率。

（7）郭强（1999）认为，知识管理的实质是对企业中人的经验、知识、能力等因素的管理，以实现知识共享并有效实现知识价值的转化，以促进企业知识化和企业的不断成熟与壮大。

Maryam 和 Dorothy（2001）基于 1.1.2 节中所述的对知识的六种理解，总结了对知识管理的六种观点：①数据与信息的观点，认为知识管理是为了给个人提供可能有用的信息。②思维状态的观点，认为知识管理强调通过提供信息来加强个人的学习和理解能力。③对象的观点，认为知识管理的重点是建立和维护知识库。④过程的观点，认为知识管理的重点是知识的流动，包括知识创造、知识共享和知识发布。⑤信息存储的观点，认为知识管理的重点是知识的组织和检索。⑥能力的观点，认为知识管理的重点是建立核心能力和理解战略性的“KNOW-HOW”。

但一般来说，所谓知识管理，就是为了提高组织的适应性、生存能力、创新能力和核心竞争力，将知识看作一种可开发资源，通过确定、捕获、收集、组织、标引、存储、集成、检索和共享组织的知识资产，对组织的知识资产及相关事物进行综合、系统和有效管理的科学。它以人为中心、以信息为基础、以知识共享和知识交流为手段、以知识创新为目标，通过知识共享，运用集体的智慧提高对快速变化的环境的应变和创新能力。既然知识以隐性和显性两种形式存在，知识管理的关键是将企业的知识员工与已有知识存量以及外部知识有效整合起来，实现两种形式的相互转化和升华。

综上，本书认为：知识管理是由知识获取、知识存储、知识共享、知识创造和知识应用等一系列相互关联的活动组成的过程，在这个过程中，组织创造知识和应用知识的能力不断增强，知识资产产生的价值不断提升。

1.3 区域知识管理的内涵

虽然随着知识经济和管理理论的深入，企业知识管理已逐渐成为前沿领域之一，但区域知识管理的研究仍较少。然而，在信息化和全球化背景下，知识作为创新能力形成的基石，在推动区域经济发展中发挥着关键性的作用。地区经济增长一方面依赖于自身资源区别于传统资源而形成的独特性，这种独特性更多来自于知识的积累和创新；另一方面依赖于区域内外的知识转移与合作。区域经济活动越来越需要区域知识管理理论的指导，提升区域的创新力、竞争力和合作力。发展中国家必须将自己定位于知识型经济中，通过有效的知识管理来获取和强化相关性资源，提高知识密度，增强创新能力和动态竞争力，促进经济长期有效增长。那么什么是区域知识管理呢？

在上一节中我们把知识管理定义为由知识获取、知识存储、知识共享、知识创造和知识应用等一系列相互关联的活动组成的过程。区域层面的知识管理与企业层面存在较大差异，主要目的不是执行具体的知识活动，而是影响和调动整个区域内不同组织执行内外部知识活动，但最终目的与企业类似，是提升区域的创新能力，并进一步提升区域的竞争能力。对区域创新能力的研究表明，区域知识存量、区域智力资本、区域集群与创新政策等构成的创新环境是最重要的三个影响要素。Cantner 等（2010）认为，区域知识基础的规模和结构是形成不同区域创新能力的重要因素，知识规模越大，结构构成越丰富，越易于不同技术领域间的合作和创新。不同区域的创新能力往往会存在差异，且这种差异会因为创新效率的影响而变大或缩小，这种创新效率一方面依赖于区域整体的创新环境，包括产业集群环境、政策环境、基础设施形成的硬环境、服务环境等，它们会影响区域知识获取、知识共享、知识创造与知识应用能力；另一方面依赖于由知识型人才构成的区域智力资本，它决定了区域的产学研质量、知识吸收能力、知识创造能力等。

基于上述分析，本书把区域知识管理定义为通过管理现有知识存量、营造创新环境和氛围、吸引知识型人才，促进区域组织内和组织间的知识获取、知识存储、知识共享、知识创造和知识应用活动，从而提升区域创新能力和竞争能力。

2

区域知识管理

上一章明确了知识、知识管理和区域知识管理的内涵，但是区域知识管理需要做哪些工作呢？其实知识管理重在搭建一个为知识活动服务的基础管理体系，需要做的工作如图 2-1 所示，主要包括四方面的内容：一是区域知识战略管理，与一般的战略管理思想类似，区域知识战略管理是一个过程，通过知识战略分析、知识战略制定、知识战略实施和知识战略评估四个环节的循环往复，实现区域知识势能的提升。二是区域知识存量管理，目的是将区域知识按照特征类型进行结构化的存储；便于对区域知识结构、知识地图的绘制和分析；同时通过有效的方式激发现有存量知识间的相互作用、存量知识与外部知识的相互作用、隐性知识与显性知识的转化利用，从而激励知识存量的增长。三是区域创新环境的营造，首先是基础的软硬件环境建设，包括宜居的生活环境、基础设施、绿化水平、安全防护等；其次是开放的网络环境，为知识网络形成提供低成本服务；最后是智能服务管控水平，为区域管理提供智能化的服务。四是区域智力资本管理，即人才管理，需要构建合理的人才支持和激励机制，培育新的人才，并通过区域吸引力留用人才，对区域缺乏的人才类型，通过人才引进、交流或合作形式开拓区域智力资本。

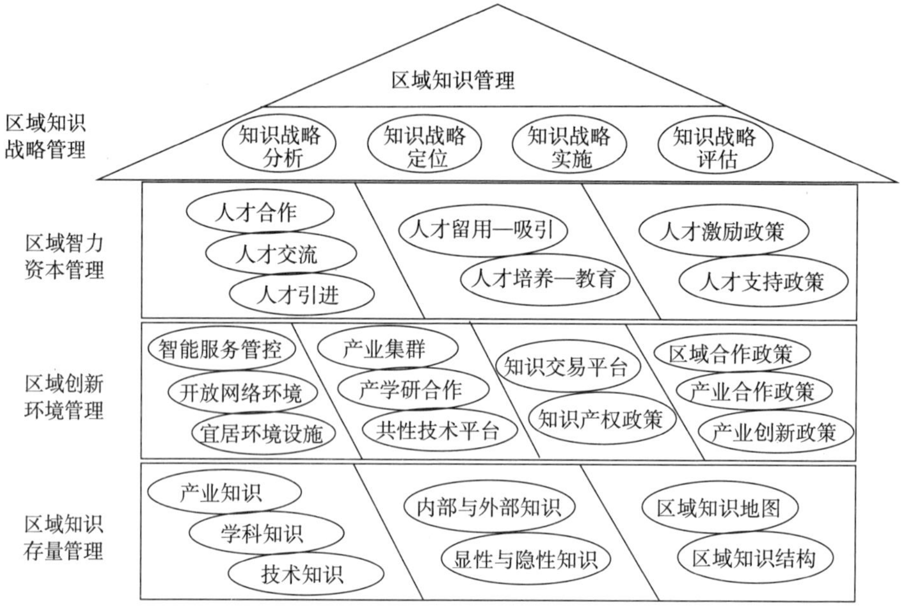

图 2-1　区域知识管理体系的研究框架

2.1　区域知识战略管理

2.1.1　战略管理理论的发展

目前对区域知识战略的研究还较少，对其内涵尚无清晰的界定。但从战略管理理论的发展历程来看，它源于 20 世纪的美国，形成于 60 年代，因此从产生到发展不过 50 多年的时间。企业战略管理理论的发展应用情况，可以帮助我们把握战略的精髓，这里将战略管理理论的发展大致划分为五个阶段：

第一阶段是 20 世纪 60 年代，代表性理论是以钱得勒、安索夫、安德鲁斯等为首提出并形成的战略长期规划理论，认为战略管理就是高层管理者研究、制定、实施和控制组织的长期目标、成长方式与组织架构的过程。他们的思想形成了战略规划的基本理论体系。

第二阶段是 20 世纪 70 年代，代表性理论是以 SWOT 模型为主的经营组合管理理论，该理论强调了平衡内外部的战略思维模式（Andrews，1971），认为企业需要随时根据环境条件的变化，修改、调整原有战略，或者制定新的经营战略，战略管理具有“预应”性质：通过制定、实施创造性的战略，能够主动迎接环境的挑战。

第三阶段是 20 世纪 80 年代，代表性理论是波特的竞争战略理论。这一时期以五力模型和一般竞争战略为基础形成了强调外部环境因素的战略思维模式，重视产业选择和基于产业环境的定位对企业获取竞争优势的重要性。迈克尔·波特的著作《竞争战略》《竞争优势》和《国家竞争优势》被称为竞争优势三部曲，对战略管理的理论和实践产生了强烈的影响。

第四阶段是 20 世纪 90 年代，代表性理论是核心能力理论，它是以资源观为代表的强调内部竞争优势的战略思维模式，建议企业基于独特资源与能力来进行战略定位，并认为核心能力是企业可持续竞争优势与新事业发展的源泉，核心能力可以通过向外辐射，作用于其他各种能力，影响着其他能力的发挥和效果。

第五阶段是 21 世纪以来，战略管理理论出现了分化阶段，涌现出全球化战略、企业战略联盟、社会网络、蓝海战略、生态圈战略、爆品战略等多种战略思潮。其中，知识战略也成为众多战略管理理论中的一个重要分支，它是在知识成为当今重要竞争资源的情况下产生的。

尽管战略管理理论经历了五个阶段，但战略本身的核心概念并没有发生改变，它的主旨是在变化和对抗性的环境中确定目标、配置资源、选择手段，以实现竞争的胜利。因此，战略这一词的含义中包含了三个核心要点：一是明确目标，二是资源配置，三是实现方案的选择。只是随着商业环境的变化，战略分析环节采用的方法和侧重点有所变化。相对于战略，战略管理有着更广的含义，通常包含战略分析、战略选择和制定、战略实施、战略评价等环节，是一个过程的概念。

知识战略管理强调知识管理的实施要有重点、有方向，不能将所有的知识都作为重点来进行管理，应当通过知识优劣势分析，发现最重要的知识资源，明确未来知识投资和培育的方向，指导知识管理的实施，并在实施后通过衡量评估，对知识管理工作进行评价和修正。在知识战略管理过程中，必须始终明确组织的战略目标，使知识战略与组织战略相一致、相匹配，方能发挥知识带来的竞争优势。

2.1.2 区域知识战略管理工作

区域知识战略管理是从区域层面对区域内外知识进行战略分析、战略制定、战略实施和战略评估的过程，这一过程也需要与区域整体的战略规划相一致、相匹配。

区域知识战略分析是在对区域现有知识存量进行挖掘和分析的基础上，结合社会未来整体发展趋势、外部其他区域知识资源拥有现状分析，对区域知识结构进行剖析，对区域知识能力进行评估，对区域知识资源的优劣势进行判断的过程。区域知识战略分析过程是区域知识战略管理非常重要的一环，它重在知识资源的整理分析过程，通过这个过程才能够对区域内外部形式有较为全面的认识，为后续环节做好充分准备。

区域知识战略制定是在区域知识战略分析基础上，生成区域知识战略方案并进行选择的过程。这个阶段首先需要对区域未来的发展取向有正确的判断，并在此基础上明确区域知识战略目标，将目标转化为评估和选择战略方案的标准。在具体执行中，需要将方案生成和选择过程分隔开。方案生成的第一阶段可以采用头脑风暴法，尽可能多地收集对策建议，这些建议可以天马行空，不必拘泥于可行性；方案生成的第二阶段是对所有的对策建议进行分类汇总，将类似建议合并，最终形成可供选择的方案。在选择阶段，利用基于目标确定的标准，对各方案进行评估，选择相对最优方案。

区域知识战略实施，是通过区域知识定义、存储、获取、分享、转移、利用、创造等相关知识活动，将区域知识战略实施方案得以落实的过程。互联网的快速发展在技术上给区域知识战略实施提供了巨大的机遇和挑战。从机遇的角度来说，互联网让知识活动的实现变得更为便利。互联网 1.0 时代，利用数据、信息和知识的定义和存储功能，人们可以在网上浏览到一定的信息、知识和图片等；互联网 2.0 时代，随着网络信息的不断增加，知识获取功能通过搜索引擎实现变得相对简单；互联网 3.0 时代，社交网络的广泛使用使知识的分享和转移变得更为容易。未来知识挖掘能力和机器学习能力也必然能够大大提升知识利用与创造的效率。与此同时，区域知识战略实施也面临着巨大的挑战，譬如：如何在浩瀚的信息海洋中发现需要存储的有效知识；如何对大数据进行有效挖掘，获取到区域层面的价值信息和知识；如何从分享与转移过程中提升知识利用与创造效率；如何有效保护区域内的知识产权；如何将区域知识战略方案有效落地；等等。

区域知识战略评估是在区域知识战略实施后，对区域知识战略效果进行衡量的过程，并将评估的结果回馈给区域知识战略制定者，了解原战略达成程度和存在问题，对原有战略目标和方案进行再次判断和修正。

2.2 区域知识存量管理

区域知识存量管理，是构建区域知识库，对区域知识进行存储、查询、获取、分析、再利用等方面的管理。在此之前，首先需要对知识进行归类，提取知识的特征，能够对知识进行结构化的存储。

对知识的分类多种多样，如隐含知识、蕴含知识、编码知识、抽象知识、嵌入知识、事件知识、流程知识、个人知识、组织知识等。但这些分类并不是我们讨论的重点，在区域层面我们重点关注四类知识的划分：一是显性知识与隐性知识的划分，目的在于促进显性知识与隐性知识的相互转化；二是不同产业间的知识划分，目的是通过产业知识管理，了解各产业的知识优劣势，有效促进产业的进一步发展和产业间的合作；三是技术型知识和非技术型知识的划分，目的是通过有效的知识管理促进区域内的技术创新；四是内部知识和外部知识的划分，目的是通过内外部知识评估，探索区域间的合作策略。

2.2.1 隐性知识和显性知识

根据知识的可呈现程度，可以将知识划分为隐性知识和显性知识两大类。隐性知识是未能用文字记述的难以交流的知识，是高度个人化、难以正式化、只可意会难以言传的，它往往存在于人的大脑中，表现在手工技能中，通过行动表现出来，是深植在个人的经验、判断、联想、创意、潜意识之心智模式内的知识。隐性知识包含了人的价值观、信仰、预见性、经验、技能、能力方面，因此，具有文化、情感和认识的因素，是无形的知识财富。显性知识（又称为明晰或编码知识）是指可以用正式的、系统化的语言、文字、数字、图形或其他象征物清楚表达的知识，可以存储在各种类型的载体上，编码在手册、程序和规则中，这种知识是便于传播、交流和沟通的。

波拉尼（Michael Polanyi）最早提出了隐性知识和显性知识的区分。他认为，所有的知识或者是隐性的，或者根植于隐性知识，也就是说，根植于实践。在波拉尼看来，隐性知识是个人的、由情景限定的，很难正式表述和交流。波拉尼主张，人类是通过主动创造和整理自身的经验来获得知识的。因而，可以用文字和数字来表述的知识仅仅是全部知识整体的冰山一角。隐性知识非常有价值，但是它难以捕捉和限定，有些甚至难以表达。因此，出现了“我们知道的比我们能够表述的多”“我们知道的比我们意识到的多”等现象。波拉尼认为，隐性知识在转化为显性知识之前，它的传播范围非常有限，主要是通过人与人之间的相互接触和工作环境的传播，同时，隐性知识在干中才能学到，通过实践不断积累。由于它难以表述，因此传播代价昂贵。

明确提出隐性知识和显性知识并对其进行深入研究的则是知识管理界的著名学者野中郁次郎和竹内广隆。1995 年，他们在所著的《创造知识的公司：日本公司是如何创造创新动力学的》一书中，将隐性知识与显性知识的差异进行了比较（见表 2-1），认为显性知识一旦成为社会公共知识，可以以很低的成本在大范围内传播；隐性知识一旦成为机构的显性知识，就会成为机构的财富。

表 2-1　隐性知识与显性知识的比较

隐性知识（主观的）	显性知识（客观的）
难以用文字记录和传播的知识	通过文字可以记录和传播的知识
经验的	理性的
即时的	顺序的
身体的	思维的
模拟的	数字的
实践的	理论的

显性知识相对来讲易于管理，而隐性知识则较难管理。对显性知识的

管理主要是编码化、数据库化；而对隐性知识的管理则主要是显性化。然而，并不是所有的显性知识都应该进行编码，也不是所有的隐性知识都能显性化。

传统的信息管理主要是对显性知识进行组织和处理，未将隐性知识纳入管理的范畴。而专业技术人员的工作和创新非常依赖隐性知识，企业的运营和管理在很大程度上是受集体隐性知识制约的。此外，虽然显性知识容易编纂、易于传播，但显性知识一旦成为公共知识，则传播成本低，容易被竞争对手学到，难以成为企业核心竞争力。相反，隐性知识是隐含的、难以模仿的，不易被复制和窃取，可帮助企业形成内部凝聚力，更重要的是隐性知识的激发易于产生创新思想，因此隐性知识是企业形成核心竞争力的基础和源泉。尽管企业创新离不开显性知识，但隐性知识更为重要。在创新的三个过程——问题发现、问题解决和预测及期望中，隐性知识都起到关键的作用。只有有效地开发利用隐性知识，才能不断地使产品、服务和解决方案得以创新。

隐性知识和显性知识是相互影响的，并在一定情况下可以相互转化。在实际中，隐性知识必须通过外部化、文件化才能转化成组织的能力，同时组织也要靠显性知识来转移、分享及训练员工，以提升其隐性知识。隐性知识在逐步明晰的过程中可以得到显性化。我们在数据、信息与知识的关系中谈到，实现从数据到知识增值的关键要素是人。增值程度主要受人的隐性知识的影响。隐性知识投入的比例越大，信息的增值幅度就越大。区域知识管理的一个重要任务是促进两者间的转化。

2.2.2 产业间的知识划分

区域知识战略的实施一方面通过整体创新环境的营造，另一方面则需要通过产业环境的搭建，包括产业集聚、产业内外部合作、产业链上下游衔接等方面来实现。因此，区域知识战略分析阶段需要对各类产业的知识进行相应的处理，挖掘出与产业密切相关的信息，指引产业的发展方向。

产业间知识的划分，首先起步于产业的划分。经济管理和相关研究中，经常使用的分类方法主要有四类：两大领域与两大部类分类法、三次产业分类法、资源密集度分类法和国际标准产业分类。

（1）两大领域与两大部类分类法是按生产活动的性质及其产品属性对产业进行分类。按生产活动性质把产业部门分为物质资料生产部门和非物质资料生产部门两大领域：前者指从事物质资料生产并创造物质产品的部门，包括农业、工业、建筑业、运输邮电业、商业等；后者指不从事物质资料生产而只提供非物质性服务的部门，包括科学、文化、教育、卫生、金融、保险、咨询等部门。

（2）三次产业分类法是根据社会生产活动历史发展的顺序对产业结构进行划分。产品直接取自自然界的部门称为第一产业，对初级产品进行再加工的部门称为第二产业，为生产和消费提供各种服务的部门称为第三产业。这种分类方法成为世界上较为通用的产业结构分类方法，在我国使用也较为广泛，通常我国的三次产业划分如下：

第一产业：农业（包括种植业、林业、牧业和渔业）。

第二产业：工业（包括采掘业，制造业，电力、煤气、水的生产和供应业）和建筑业。

第三产业：除第一、第二产业以外的其他各业。根据我国的实际情况，第三产业可分为两大部门：一是流通部门，二是服务部门。具体可分为四个层次：①流通部门，包括交通运输、仓储及邮电通信业，批发和零售贸易业，住宿和餐饮业。②为生产和生活服务的部门，包括金融、保险业，地质勘查业，水利管理业，房地产业，社会服务业，农、林、牧、渔服务业，交通运输辅助业，综合技术服务业等。③为提高科学文化水平和居民素质服务的部门，包括教育、文化艺术及广播电影电视业，卫生、体育和社会福利业，科学研究业等。④为社会公共需要服务的部门，包括国家机关、政党机关和社会团体以及军队、警察等。

（3）资源密集度分类法是以各产业所投入的、占主要地位的资源的不同为标准来划分的。根据劳动力、资本和技术三种生产要素在各产业中的相对密集度，把产业划分为劳动密集型、资本密集型和技术密集型产业。

劳动密集型产业是在生产中依靠大量使用劳动力，而对技术和设备的依赖程度低的产业。其衡量的标准是在生产成本中工资与设备折旧和研究开发支出相比所占比重较大。一般来说，目前劳动密集型产业主要指农业、林业及纺织、服装、玩具、皮革、家具等制造业。随着技术进步和新工艺设备的应用，发达国家劳动密集型产业的技术、资本密集度也在提高，并逐步从劳动密集型产业中分化出去。例如，食品业在发达国家就被划入资本密集型产业。

资本密集型产业指在单位产品成本中，资本成本与劳动成本相比所占比重较大，每个劳动者所占用的固定资本和流动资本金额较高的产业。当前，资本密集型产业主要指钢铁业、一般电子与通信设备制造业、运输设备制造业、石油化工、重型机械工业、电力工业等。资本密集型工业主要分布在基础工业和重加工业，一般被看作发展国民经济、实现工业化的重要基础。

技术密集型产业指在生产过程中，对技术和智力要素依赖大大超过对其他生产要素依赖的产业。目前技术密集型产业包括：微电子与信息产品制造业、航空航天工业、原子能工业、现代制药工业、新材料工业等。当前以微电子、信息产品制造业为代表的技术密集型产业正迅猛发展，成为带动发达国家经济增长的主导产业。因此可以说，技术密集型产业的发展水平将决定一个国家的竞争力和经济增长的前景。

（4）国际标准产业分类是联合国为使不同国家的统计数据具有可比性而颁布的《全部经济活动的国际标准产业分类》（*International Standard In-*

dustrial Classification of All Economic Activities，ISIC）以下简称《国际标准行业分类》。自 1948 年第一修订本经联合国统计委员会通过以来，世界上绝大多数国家采用了这一分类或根据其指定本国分类。2006 年，联合国统计委员会第三十七届会议审议通过了该分类的修订本第四版（ISIC Rev. 4）。目前，该版本成为国际上比较经济活动统计数据的重要工具。我国参考 ISIC 形成了国家标准《国民经济行业分类》，它是我国的基准活动分类，产业划分与包括经济合作与发展组织在内的大多数国家基本一致。

在明确了产业划分的标准后，可以将用于特定产业的知识归于相应的产业，对产业相关知识的管理有利于产业创新能力的提升。专利是重要的技术知识，1972~1995 年，加拿大知识产权局为 30 多万项专利同时配给了 IPC 码和基于“加拿大标准化工业分类”（SIC）形成的 IOM（Industry of Manufacture）码和 SOU（Sector of Use）码。其中，IOM 码说明该专利产生于哪个制造部门，SOU 码说明该专利首次使用的制造部门。这两个码很好地体现了专利知识与产业间的对应关系，在此基础上，20 世纪 90 年代初，利用 1978~1993 年 25 万项专利的列表信息确定专利 IPC 与 IOM-SOU 组合，即 SIC 的对应关系，形成了 YTC 对照表。YTC 是最早的较为全面的专利 IPC 与工业产业体系间的关系对照表，能够将专利分析结果与产业分析相结合，得到更有经济意义的分析结果。然而在很多情况下，存储的知识与产业的对接还存在较大的难题，因此，找到恰当的方法，把知识能够按照产业进行归类的存储、处理和分析方法在区域知识管理中是非常重要的。

2.2.3 技术型知识和非技术型知识

随着科学技术的飞速发展，技术对社会的影响越来越大，技术本身是一种特殊形态的知识，我们称之为技术型知识。技术型知识与科学技术密切相关，是技术创新的基础，能够引导和产生技术革新。目前，企业的技术型知识的积累对企业起到的作用越来越大。企业对技术型知识的管理要有正确的战略为指导，包括技术知识学习战略、技术知识创新战略、技术知识获取战略、技术知识保护战略等。技术型知识的学习战略是指如何构建知识联盟并从中搜索和吸收企业所需要的技术型知识；技术型知识的创新战略是指如何采用各种形式（内部研发、外部战略合作）创造自主专有的技术型知识；技术型知识的收获战略是指如何使组织的技术知识得到最佳利用；技术知识的保护战略是指对知识产权的重视和保护，通常要考虑采用专利、领先优势、保守技术秘密等手段实现，并利用其激励企业进一步进行知识创新。

非技术型知识包含内容较广，主要指与人文、管理、艺术等方面相关的知识。在各行各业中均存在大量非技术型知识，它们对产业的发展同样起到至关重要的作用。在一些以传统文化业、旅游业为主的区域，对于相关的非技术型知识的开发具有重要的意义，但随着现代技术的飞速发展，依然需要一定技术型知识的支撑，提升产业运营管理效率和效果。而在新兴技术产业为主的区域，技术型知识固然重要，然而区域管理和产业管理方面的非技术型知识也不容忽视。技术型知识离不开相应非技术型知识的支撑，两者之间需要进行良好的互补和整合，方可有效促进区域创新能力的提升。因此，区域知识管理或以非技术型知识管理为主，技术型知识管理为辅；或以技术型知识管理为主，非技术型知识管理为辅展开。

2.2.4 内部知识与外部知识

一个区域主要从以下两个方面获取知识：一是对区域内部各组织产生的知识的创建、收集、整理，二是来自对外部知识的挖掘和捕获。因此，根据知识的来源我们可以把知识分为内部知识和外部知识。内部知识和外部知识同样可以相互转化，区域可以通过搭建知识交易和交流平台，促使组织从外部获取新知识，并将其分享、吸收、利用，并规范成为区域或组织的内部知识；同时促使区域内组织将知识辐射出去，产生更强的知识效应，并通过知识反馈，再次吸收外部知识。

区域内部知识存在显性知识和隐性知识的划分。显性知识易于传播，产生知识辐射效应。但由区域内部形成的价值观、信念、创新氛围、文化、社会及政治上的规范等隐性知识成为区域特定的知识，难以传播和学习。在区域内部知识管理中，不仅要注重技术型知识和显性知识的开发，更要注重非技术型知识和隐性知识的开发，形成区域内特色的知识环境。

区域内部知识具有有限性，需要区域通过交流合作的方式，引进外部知识，通过宽松、开放的区域政策，促进区域内企业与区域外企业的合作交流。无论是内部知识还是外部知识，区域都要给予高度重视，一方面对内部知识进行完整定义和分类规划，促进知识的积累与发展；另一方面构建外部知识检测机制，不断了解外部知识进展，获取必要的外部知识。通过知识挖掘，绘制区域内外部知识地图，辅助区域内企业寻找合作伙伴。

基于上述区域知识类型分析，区域知识管理的目的是将区域知识按照特征类型进行结构化的存储，便于对区域知识结构、知识地图的绘制和分析，同时通过有效的方式激发现有存量知识间的相互作用、存量知识与外部知识的相互作用、技术型知识和非技术型知识的互补作用、产业内部和产业间知识的相互作用、隐性知识与显性知识的转化利用，从而激励知识存量的增长。

2.3 区域创新环境管理

区域知识管理与企业知识管理的不同在于它不是知识活动的执行者，

而是需要为内部企业和组织的知识活动提供基础设施，即软硬件环境。通常需要从以下四个方面来构建支持知识活动的软硬件环境：

一是基础环境。所谓的基础环境，是为区域各类活动提供基本保障设施所需要的环境。我们可以把它综合为宜居的环境设施，“宜居”一词包含内容广泛，要求人们在这个区域环境中生活舒适，只有人的生活舒适了，才乐于在区域内展开其他的知识活动。这样的环境应当包含五大特征：出行便利、治安良好、生态优良、信息流通、服务效率。满足这五方面的特征需要有良好的交通、水、电、气、建筑、能源、娱乐、生活、医疗等方面的基础设施建设；良好的治安能力和安全防范设施；良好的绿化覆盖率、污水垃圾处理与空气净化能力；便利信息流通的开放式网络环境；较高的智能服务管控能力，为区域管理提供高水平、高效率、人性化的服务。

二是产业环境。区域经济离不开区域内产业的发展，好的产业环境能够吸引更多的企业入驻，形成区域产业特色。区域需要根据自身特征，以龙头企业为首，引导产业集群的形成。所谓产业集群，是指某一行业内的竞争性企业以及与这些企业互动关联的合作企业、专业化供应商、服务供应商、相关产业厂商和相关机构（如大学、科研机构、制定标准的机构、产业公会等）聚集在某特定地域的现象。许多产业集群还包括由于延伸而涉及的销售渠道、顾客、辅助产品制造商、专业化基础设施供应商、政府及其他提供专业化培训、信息、研究开发、标准制定等的机构，以及同业公会和其他相关的民间团体等。因此，产业集群超越了一般产业范围，形成特定地理范围内多个产业相互融合、众多类型机构相互联结的共生体，构成这一区域特色的竞争优势。产业集群发展状况已经成为考察一个经济体或其中某个区域和地区发展水平的重要指标。因此，区域要特别重视产业集群的培养，形成特色产业的产业环境。此外，可通过共性技术平台的构建，促使产业内共性技术问题的探讨、解决和创新，进一步推动产业的发展。

三是知识产权环境。产业技术创新的动力离不开知识产权的保护，随着我国近年企业知识产权意识越来越强，区域的知识产权环境也变得越发重要。区域知识产权综合实力涉及一个地区的政府、企业、协会、社会公众等多个知识产权相关主体，应该是区域以政府引导、市场主导的形式，结合国家和区域的经济环境以及知识产权发展情况，营造区域知识产权发展的法制环境和市场环境，提高区域自主创新能力，加速知识创新成果的转化，提升全社会的知识产权意识，加强知识产权相关人才的培养，提升区域竞争力的综合表现。具体而言，区域可以从明晰区域知识产权政策和构建知识交易平台两方面营造好知识产权发展的基本环境，促进区域内知识产权主体的知识保护与交流活动。

四是宽松开放的政策环境。良好的政策环境给予企业更多的自由，但又通过法制建设去除产业发展的不良因素，构建健全的市场机制。我国得益于改革开放政策，近 40 年来经济得到了良好的发展，但法制制度的不健全滋生了许多不良现象，尽管我国民营经济得到了蓬勃发展，但国际知名品牌仍相对较少。这为区域打造特色产业留下很多机遇，如果区域能克服挑战，建立起适合自身区域的健全的区域政策环境，为产业创新、产业合作、区域间合作提供支撑，定能为区域经济发展、知名品牌的打造和知识势能的提升铺设好道路。

2.4 区域智力资本管理

在知识管理中，各个流程尤其是知识生产与创新的根本在于人力资本，区域智力资本管理重在对区域内人才进行管理。研究将区域人才管理分为三个方面：一是内部人才的培育与管理；二是外部人才管理；三是人才支持与激励政策。

内部人才的培育与管理是区域智力资本管理的核心，他们是区域的主要智力资本构成。由于最终人才的留用是在组织和企业层面，员工培训的主要任务也会落到企业层面。区域层面的主要工作在于做好基础教育、高等教育和区域内部百姓的宣传普及教育，提升全区域人员的整体素质水平。其中，高等教育是提升一个区域创新能力的重要环节。优质的高等教育可以起到人才集聚的作用，将不同地区的优秀人才集聚到高校这一空间，培养出的人才多数易于留在区域内，为区域发展做贡献。同时区域要为人才的发展提供足够的吸引力，使人才愿意留在这里，这种吸引力不仅来自人才政策，也来自区域的宜居环境和产业环境。

针对外部人才，主要关注产业或关键技术的核心领军人物，这些人如果不在区域内，可以通过三种形式加以利用：首先，给予有利的条件吸引，实现外部人才的引进；其次，可以基于一些知识活动，促进内部人才与外部人才的交流学习，实现知识的引进和消化吸收；最后，可以通过合作性项目，实现内外部人才合作和知识的转移。

人才作用的充分发挥，离不开人才支持和激励机制，它们是激发人才创新潜能的关键。这里的支持政策是指为人才在搭建实验环境、组建研究团队和开展项目研究等方面给予充分的条件保障。而激励机制是指通过特定的方法与管理体系，将人才对区域内组织及工作的承诺最大化的过程，包括精神激励、薪酬激励、荣誉激励、工作激励等多种形式。

3

区域知识战略定位

上一章中将区域知识管理工作分为了四方面的内容：区域知识战略管理、区域知识存量管理、区域创新环境管理和区域智力资本管理。在这四个方面当中，区域知识战略管理是首要环节，因为它是形成区域知识管理的整体思路，并指导另外三方面工作的谋划阶段。缺乏区域知识战略管理，其他三方面工作将会各自为政，从而失去整体、全局观。区域知识战略管理亦可分为四个阶段：知识战略分析、知识战略制定、知识战略实施和知识战略评估。在这四个阶段中，知识战略分析和知识战略制定是最为重要的战略思考过程，且是密不可分的，它们是在对区域现有知识存量和未来发展趋势分析的基础上，明确区域知识优劣势，对未来区域知识管理的内容、知识战略类型的选择及知识战略实施方案进行规划。本书把区域知识战略分析和区域知识战略制定过程统一为一个整体，称为区域知识战略定位。

区域知识战略定位首先需要对区域未来的发展取向有正确的判断，如果我们把不同区域间的关系看成是一张相互交互形成的网状图，每个区域就是这张网状图中的节点，由于不同区域具有不同的知识势能，它们在这张图中所起到的作用和占有的地位是不同的。区域知识战略定位就需要做到明确区域在网络图中所处的节点位置，并制定出良好的知识战略实施方案，促使区域逐渐提升知识势能，将区域节点从知识势能较低的位置，推向知识势能较高的位置，从而提升在整体网络图中的地位。本章将从理论上阐述区域知识战略定位过程。

3.1 区域知识战略定位相关概念

3.1.1 区域发展规划理论

区域知识战略定位是在区域发展定位的概念上发展起来的。区域发展定位是区域规划的首要工作，长期以来，由于人们对区域的发展在认识上不尽一致，因而在区域发展目标和具体规划上存在着较大的分歧。在对区域规划方面的研究进行梳理的基础上，发现其形成的理论基础可以归为三类：综合理性模式、渐进主义模式和混合应用模式。这三类理论与具体采用的思想和方法可用表 3-1 来进行描述。

表 3-1 区域发展规划理论评述

分类	主体思想与方法	评述	参考文献
综合理性模式	过程规划论	局限性：人认知能力和所掌握的知识、资料和资源的有限性，使理性设想未必合理	Healey（1979）； Hudson（1979）； Friedmann（1998）； 孙施文（2007）； 史舸、吴志强、孙雅楠（2009）
	理性方法论		
	系统方法论		
	实证分辨法		
渐进主义模式	实用主义论	局限性：就事论事解决问题，强调对现状的维持，过于保守	
	按部就班，问题导向		
	稳中求变，积小变大		

续表

分类	主体思想与方法	评述	参考文献
混合应用模式	混合审视法	通过战略思维，将前两者有效结合，显得更为有效、更为现实	
	有限理性论		
	理性实用论		
	协商法		
	社会规划与倡导规划		

表 3-1 中的区域发展规划分析的三种模式都是基于一定的经验或方法对区域未来发展方向的判断和指引。在区域规划理论的基础上，研究者们开始逐渐关注区域发展定位和发展战略的问题，并逐步成为区域经济学和经济地理学研究的重点之一。学者们认为，区域发展战略定位是对特定区域发展所处的阶段、环境、条件以及发展道路等方面所做出的综合判断，是统揽区域发展大局的总纲，是确立区域发展思路、制定发展策略的基础，对一个地区的长期发展具有特别重要的意义。20 世纪 90 年代，关于区域定位，尤其是城市定位的研究与实践开始在中国兴起，主要涉及区域特色的塑造、主导产业的确定以及发展战略的制定等，形成了区域协调发展理论、空间规划理论、战略的政策制定技术路线、竞争力导向与核心竞争力理论、系统方法理论等具体分析方法。

但这些城市战略分析方法与定位理论的应用仍然存在三大缺陷：一是过度注重城市和区域的原有主导产业及自然资源，难以把握迅速变化的外部环境，缺乏一定的前瞻性。二是大部分地区都在采用类似的分析方法追求几乎相同的目标定位，造成产业严重同构、重复建设盛行、产能过剩与恶性竞争普遍存在。三是大多数地区的定位缺乏实质性的思考和思维模式的转变，忽略现代科技创新的特性，使其定位缺乏意义和价值。为了解决以上问题，适应信息时代中“知识经济”的需求，新的实用性的知识战略定位方法显得尤为重要。

3.1.2 战略定位理论发展

杰克·特劳特先生被誉为“定位之父”。他于1969年在《定位：同质化时代的竞争之道》论文中首次提出了商业中的“定位”（Positioning）观念，源自其所在的里斯公司提出的“用一种最简单、最清晰的方式来表述”的营销哲学。特劳特认为，“定位是你对未来的潜在顾客的心智所下的功夫，也就是把产品定位在你未来潜在顾客的心中”。从中可以看出，这一概念最早用于市场定位。

随着市场营销理论的发展，人们对市场定位理论有了更深的认识。菲利普·科特勒对市场定位的定义是：所谓市场定位，就是对公司的产品进行设计，从而使其能在目标顾客心目中占有一个独特的、有价值的位置的行动。市场定位的实质是使本企业和其他企业严格区分开来，并且通过市场定位使顾客明显地感觉和认知到这种差别，从而在顾客心目中留下特殊的印象。有人认为定位的真谛就是“攻心为上”，消费者的心灵才是营销的终级战场。然而仅仅做好市场定位是远远不够的。定位的成功一定要有与之相应的产品、服务及一系列理念的执行。因此，定位的概念进一步上升到战略层面。

战略定位的思想起源于核心资源学派和核心竞争力学派的观点，核心理念是遵循差异化。波特（1979）认为战略定位是识别优势和劣势，明确与众不同的竞争优势形成的最佳方案。在企业战略定位中，通常是通过差异化，将企业的产品、形象、品牌等在预期消费者的头脑中占据有利的位置，与竞争者的产品和服务区别开来，是一种有利于企业发展、成功进入市场并立足市场的选择。

在区域层面同样需要有战略定位的思想，正如同一想到金融中心，人们会不约而同地想到纽约、伦敦、香港；艺术之都会想到巴黎、佛罗伦萨。

在我国，浙江永康的五金业、义乌小商品，福建的玻璃业，云南的山茶花业，贵州茅台镇的茅台酒业，三亚的旅游业等也均基于特色产业构建出区域特色。看似很多区域特色的形成并没有前期定位，但从众多偶然现象可以发现共性，那就是区域特色的形成都需要一定的必要条件，需要多方面因素的配合，这些必要条件恰恰是区域战略定位需要做的工作。也正因如此，区域定位理论已成为区域发展规划的重要组成部分。

3.1.3 区域知识战略定位思想的形成

目前对知识战略及其定位的研究更多地停留在企业层面，在区域层面尚无具体的分析方法，值得借鉴的相关研究主要体现在以下两个方面：

一是知识及知识战略定位对区域经济发展的重要作用。早在1890年马歇尔就在《经济学原理》一书中讨论了区域集聚中知识溢出的正面效应，1990年前后形成的以罗默（Romer）和卢卡斯（Lucas）为代表的新经济增长理论，着重强调和分析了知识在推动区域经济发展中的长远意义和作用机理，并在2000年后不断得到论证。Rogers（2003）在其研究中指出企业是区域经济增长的最终推动力，企业对知识的积累，能够增加人力资本、生产新产品和提高产品质量。这些知识的积累过程会产生外部性或知识外溢效应，带来区域经济的整体发展。Kuo和Yang（2008）通过对我国区域经济增长的影响因素分析，评估和测度了知识资本和技术溢出对区域经济增长的贡献；验证了知识资本、研发溢出等对经济增长的显著影响。Velez和Gonzalez（2008）指出，随着社会的发展，地区经济增长越来越依赖于自身资源区别于传统资源而形成的独特性，发展中国家必须将自己定位于知识型经济，通过知识战略定位来获取和强化相关性资源，提高知识密度，增强创新能力和动态竞争力，促进经济长期有效增长。Kostas（2007）指出，区域知识战略定位有利于将知识城市的概念融入政策体系中，指导区域根据知识链定位产业链，结合区域层面的政策，引导、干预和扶持一定领域的知识技术研发和关键性产业的发展，促进城市区域的有效发展。Tsai（2012）指出，企业卓越的组织能力主要体现于战略指导下的知识整合能力，形成“战略—知识—能力”链。区域也同样需要在知识战略指导下整合知识和产业，形成知识与产业的互动发展机制，以长期发展的政策驱动创新能力与核心能力的提升，以区域知识战略的实施带动区域产业的发展、升级和优化。此外，区域的发展离不开区域内外的合作，实证经验表明区域间的知识转移能够有效促进区域产业和经济的发展。而区域知识战略定位有利于优劣势互补效应分析和合作对象的确定，提升知识转移和知识合作的效果。我国的城市群建设也同样可以通过知识战略定位，确定各城市的互补关系，形成区域性的知识战略联盟，更有效地促进城市群的整体创新能力。

二是区域知识战略定位需要考虑的影响因素。由于区域间的差异，需要因地制宜地选择区域知识战略，制定区域政策，确保其区域适应性。在对企业的研究中发现，知识战略受到现有知识能力和知识资源的影响。在战略的形成过程中，必须充分认识现有的资源和能力，做出正确的战略选择，缺乏知识基础和知识能力支撑的技术战略和知识战略是难以实现的。企业知识管理的成功在于实施知识管理前，基于企业的目标、现有资源和未来偏好的评估，选择适合企业的知识战略。我国区域间的不平衡性在很大程度上也体现在知识存量和知识层次的差异上，这种差异，使我国各区域在知识转移、知识吸收消化以及知识创新能力上存在着明显的差距，因此，我国不同区域所适用的知识战略会有所不同，且随着城镇化的推进，同一区域在不同阶段所适应的知识战略也会有所不同。Sherif（2006）在对企业知识战略的研究中，将复杂性理论、复杂性自适应系统和知识管理理论相融合，提出自适应的知识战略，认为企业获取或创造的新知识必须与已有的知识相关联，并清楚新知识如何与现有的知识和信息相互作用，两者之间存在哪些需要填补的缺口，新知识在哪里能够得到最佳的应用等。Sherif 的思想给区域知识战略带来的启示是：区域的知识开发与知识创新应当建立在原有知识优势的基础上，区域可以通过知识能力和知识结构分析，判断知识资源的类型和强度，识别知识优势，选择恰当的、适合自身发展的知识战略，并通过知识需求和知识缺口分析，推动知识创新。可见，基于知识能力和知识资源结构分析的区域知识战略定位更有利于实现区域战略和政策的动态适应性。

基于上述分析，研究将区域知识战略定位进一步解释为从区域现有的知识结构和知识能力出发，从长远角度做出合理的前瞻性定位，选择恰当的、适合自身发展的知识领域、战略类型和实现的组合策略。知识战略定位有利于区域选择恰当的知识战略，明确产业发展方向，提升创新能力和核心竞争力，推进区域合作，形成可持续发展的良性循环。

3.2 区域知识战略定位的意义

3.2.1 区域发展进程与动力机制的演变

城镇是地区经济增长赖以实现的空间载体，区域发展进程体现为城镇发展的过程，它与经济发展类似地呈现出不同的阶段性特征。Hoover 和 Fisher（1949）及罗斯托（1962）对经济增长过程进行过阶段性的解析，认为任何地区的经济增长都经历过类似的过程。Northam（1979）在此基础上对区域城镇化进行研究，指出城镇化的发展过程近似于一条“S”形曲线，并可根据曲线拐点将城镇化进程划分为初始阶段、加速阶段和最终阶段。

借鉴这一思想，研究根据非农业人口比重、人均 GDP、二三产业比重和建成区面积，将一个地区经济增长与城镇化进程划分为四个阶段：启动阶段、起飞阶段、成长阶段和成熟阶段。基于数据分析发现，在不同阶段，区域城镇化面临的难题、建设重点、影响因素和政策需求均有所不同，推动经济发展和进一步城镇化的动力机制也不同。

启动阶段为一个地区城镇化初级阶段，经济增长缓慢，建成区面积小，基础设施较差，人均 GDP 低，城镇人口占总人口的比重在 30%以下，经济以农业为主导，产业结构尚未发生明显变化。但这一阶段开始意识到非农产业发展、规模化经营和城镇化的重要性。对处于启动阶段的贫困地区，政府的推动作用对其城镇化至关重要，必须通过政府的财政支持，提升基础设施能力，才能带动地区发展进入起飞阶段。产业上开始从以农业为主，逐步转向工业的快速发展。要素收益对经济影响很大，直接决定能否将人才和资源吸引聚集。

起飞阶段为地区城镇的加速发展阶段。处于这一时期的城镇人口占总人口的比重在 30%~50%。其特点是：形成了一定面积的建成区，人口和经济活动迅速向城镇集聚，农村经济退居次席，第二产业已有相当程度的发展，主导产业和特色非农产业逐渐形成，城镇经济开始崛起，人均 GDP 不断提升。这一阶段对地区经济腾飞非常重要，农村人口绝对下降，意味着农村土地的人口压力开始逐步减小，人地矛盾逐渐缓和，农业生产效率开始向高效率转换，同时，城镇人口的大规模持续增长为将要崛起的第三产业的发展提供了劳动力资源和市场需求。进入这一阶段，政府不能再作为直接的操控者，而应通过经济效应发挥杠杆作用，以当地经济健康发展为核心，以构建地区自我发展机制为手段，发挥市场调节机制，促进城镇化进程，重点放在经济的引导和规范化管理上。

成长阶段虽然地区城镇化率仍然呈上升趋势，城镇飞速发展，但是加速度慢慢降低。处于这个时期的城镇人口占总人口的比重在 50%~70%，人均 GDP 较高，居民消费意识增强，人口和经济活动不断向城镇集聚，建成区面积不断扩张，第二产业逐渐成熟，第三产业得到相当程度的发展。人们开始逐渐关注生态、环境、生活质量、医疗卫生等问题，经济结构和人口结构的变化带来了整个社会结构的巨大转变。这一阶段，随着人口膨胀、城乡差距、资源短缺、环境恶化、经济周期性震荡等问题的出现，政府应发挥调控和稳定性作用，完善法制体系，注重社会保障，加强民生建设，促进经济可持续协调发展。在产业结构上，第三产业比重不断增强，第二产业比重逐步降低，产业升级改造是第二产业面临的挑战。

成熟阶段地区城镇各方面建设基本完善，经济的发展不再靠传统的工业，而更多地依赖于现代技术，走向成熟经济的工业向多样化发展，人们开始转向高端消费，高档食品、耐用消费品和服务业部门替代原工业部门成为主导部门，劳动力结构随之变化，人均实际收入上升到较高水平，在社会观念上，希望把更多的资源用于社会福利和社会保障，且对生活质量、宜居环境、医疗水平会格外重视。但这一阶段对经济发展的奇迹开始感到厌烦，会出现反工业化的情绪，因此既是新的富有希望的选择时期，也是一个带有危险的时期。第三产业成为这一时期的主导产业，但要素收益基本稳定，对经济的影响力度减弱。政府应将重心放在规范、监督和服务形式的改善和创新上。

在众多动力机制中，唯有一个动力机制是始终起到显著推动作用的，那就是知识和教育。由于知识和教育对区域的影响具有一定的滞后性，因此地区需要更早地注重知识和教育的投资。从我国总体状况看，大多数区域已经经历了城镇化的启动阶段和起飞阶段，进入成长阶段，部分城市进入成熟阶段，因此，产业升级改造、服务业的发展和知识创新是主要动力源。

3.2.2 区域研究热点演进趋势

在对我国区域城镇化研究热点演进的知识图谱（见图 3-1）分析中发

现，2010 年以来重点关注的与城镇化相关的话题包括农业现代化、碳排放、粮食安全、能源消费、流动人口、新生代农民工、产业发展、土地财政、环境污染、新型城镇化等。如果用每个阶段出现频次最高的词汇代表该时期的重点研究主题，则区域核心研究主题的演进过程可以描述为：工业化—协调发展—农民工—城乡收入差距—农业现代化—新型城镇化。这一演进过程与城镇化进程的基本规律相符，我国现已进入到提升农业现代化水平和城镇化质量的时期。

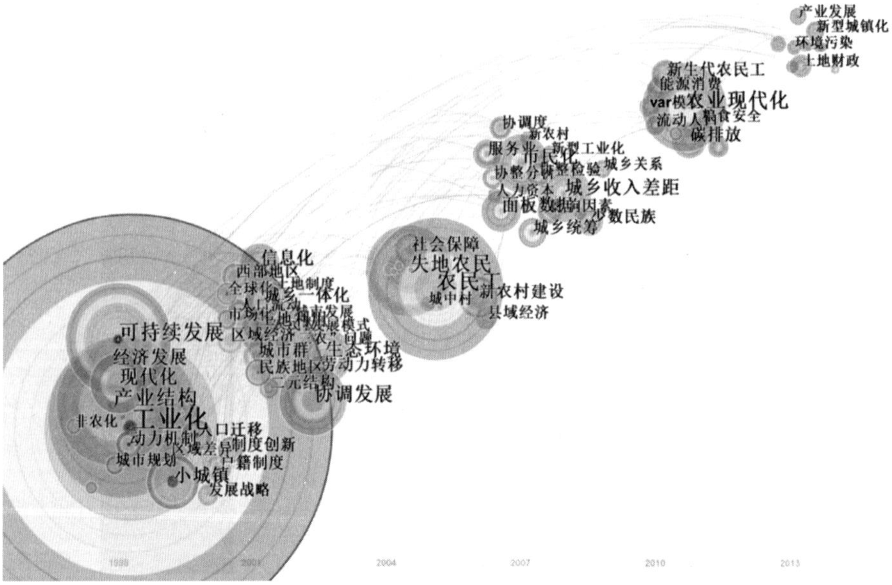

图 3-1　区域城镇化研究热点演进的时间域视图

尽管图 3-1 能够在一定程度上反映演进过程，但受出现频次的影响，一些出现频次不高但突现性很强的热点主题难以体现出来，且词汇的叠加也使可呈现性减弱。表 3-2 是进一步对研究热点突现词的分析结果。

表 3-2 排名前 20 的突现词

序号	关键词	burst 强度	开始年份	结束年份	1998~2015 年
1	乡镇企业	5.5026	1998	2004	
2	小城镇	14.5136	1999	2003	
3	可持续发展	9.1836	2000	2004	
4	制度创新	7.6405	2000	2004	
5	发展战略	7.3702	2000	2004	
6	户籍制度	5.8909	2000	2003	
7	信息化	5.6921	2001	2003	
8	“三农”问题	6.5716	2001	2006	
9	二元结构	4.7195	2003	2005	
10	产业集群	5.324	2004	2007	
11	新农村建设	10.5845	2006	2011	
12	新农村	5.9144	2006	2010	
13	和谐社会	5.8147	2006	2009	
14	失地农民	5.4575	2006	2009	
15	县域经济	5.0967	2006	2008	
16	农业现代化	15.6044	2012	2013	
17	碳排放	7.8675	2012	2015	
18	城镇化	197.232	2013	2015	
19	新型城镇化	7.1014	2013	2015	
20	城乡收入差距	6.0727	2013	2015	

基于表 3-2 中突现词汇被持续关注的时间，可以把我国城镇化研究热点的演进划分为三个阶段：第一阶段，1998~2003 年，为进一步推进城镇化和城市化时期。研究重点关注了以乡镇企业为龙头带动小城镇发展、工业化与城镇化的匹配、产业结构调整、协调可持续发展、工业现代化和信息

化以及人口迁移中的户籍制度问题等。第二阶段，2003~2010年，为城镇化进程中城乡矛盾化解期，这一时期重点关注了“三农”问题，包括农民工和失地农民的社会保障问题、新农村建设、城乡收入差距、农民市民化、推进城乡统筹与一体化、促进县域经济发展、打造和谐社会等。第三阶段，2011年以后这一时期新型城镇化概念逐渐得到政府和各界的共识，也掀起了新型城镇化的研究高潮。农业现代化、能源消费、碳排放、产业发展、自主创新能力的提升、环境治理、土地财政弊端、改善城乡收入差距和提升城市公共服务水平等均在这一时期受到关注。

在促动和推进城镇化阶段，往往伴随着工业化、经济增长和农村剩余劳动力向城市的迁移。研究表明，工业化和经济增长产生的城乡收入差距促进了人口的迁移，而人口迁移和集聚进一步促进了城镇经济的发展。我国改革开放后城镇经济增长，促使农村人口向城镇大量迁移，城镇化率迅速提升。相关聚类中，土地财政、财政分权和基于人力资本视角化解城乡收入差距问题等方面的研究成为近期热点。

矛盾化解期是城镇化进程中必经的一个阶段，这一阶段我国针对城乡差距过大产生的一系列问题展开了“三农”相关制度的改革与完善，推进城乡一体化。自2004年我国下发《中共中央国务院关于促进农民增加收入若干政策的意见》后，相继出台了一系列强农惠农政策，尽管调查显示还存在一些问题，但这些政策有力地促进了农业的发展、农村条件的改善和农民生活水平的提高，缓和了城乡矛盾。然而，矛盾的持续存在，使城乡统筹、城乡收入差距，以及新一代农民工问题仍然是未来的热点研究主题。

提升城镇化质量阶段，即新型城镇化实施阶段，对城市建设和农村建设都提出了更高的要求。这一时期重在产业升级改造、生态环境保护、智慧城市建设、农业现代化、新型农村建设等方面的研究和实践，它们也将成为未来若干年的重点研究主题。这一阶段对知识管理有了更高的要求，产业需要通过知识管理来提升产业创新能力，改进产业运营效率，实现产业升级；环保工作需要通过知识管理实现区域层面能源、资源、废弃物利用、排污检测等方面的有效调度和管理；城市建设需要通过知识管理实现智能管控；农业需要通过知识管理实现现代化耕作、运输、管控和产业化运作。知识管理将成为提升城镇化质量的有力支撑工具。

3.2.3 新型城镇化的需求

西方在城镇化动力机制研究中形成了三种代表性理论：强调产业专业化与劳动分工的分工演进理论、强调规模经济的聚集理论和二元经济结构形成的“推—拉”理论。基于这三种理论，城镇化被理解为农业活动向非农业活动转化、人口向城镇聚集、城镇规模扩大以及由此引起的一系列社会经济变化的过程。在这些思想的指导下，为快速提升城镇化水平，我国走了一段政府主导的、以房地产和市政基础设施建设为首的粗放型城镇发展模式，城镇投资迅速增长，大工程、大项目比比皆是，忽视了资源环境的制约。随着传统城镇化问题的不断显现，试图与过去只重规模扩张、不重质量的城镇化相区别的“新型城镇化”概念开始在学术界得到广泛讨论，到2010年，这一概念被各级政府普遍接受，并开始在政策文件中被运用。党的十八大政策方针更说明新型城镇化改革方案已进入决策层视野，开始引领我国的城镇化建设。如何理解新型城镇化及其需求呢?

新型城镇化的概念和内涵学术界多有研究，但对如何推进新型城镇化争议颇多，主要形成以下五方面观点：

(1) 转变经济发展方式，提升自主创新能力，优化产业结构，走资源节约、环境友好的新型工业化道路。该观点强调从长远的角度，在体制机制、服务功能、科技教育、创新主体、人才素质等方面提升创新驱动力，增强城镇创新活力和发展后劲，并以产业的优化升级，加快经济发展方式的转变。经济发展方式的转变，不仅包含经济增长方式从主要依靠增加资源投入和消耗来实现的粗放型增长方式转变为主要依靠提高资源利用效率来实现的集约型增长方式，还包括结构、质量、效益、生态平衡和环境保护等方面的转变，加快产业转型，推进信息化与工业化融合，发展低碳产业，走可持续发展的道路。

（2）根据各地发展阶段和资源环境承载力，走多元的城镇化发展道路。该观点指出，由于不同地区城镇化发展阶段存在差异，新型城镇化必须根据各地发展阶段和资源环境承载力分类指导，避免全国“一刀切”，严格控制不同功能空间的城镇化开发强度，促进人口、经济和资源环境协调发展。所谓多元的城镇化道路，包括城镇规模、区域差异、动力机制、城镇特色等方面的多元化。具体而言，需促使大中小城市与小城镇协调共进，共同肩负起承载城镇化人口转移的重任；允许不同区域充分发挥各地优势，走差异化、本土化的城镇化模式；强调市场机制与宏观调控相结合，促进多种经济成分与多种产业、多种事业共同拉动城镇化；突出不同城镇的产业发展、空间布局、文化内蕴、建筑风格等方面的优势，形成各具特色、合理分工的城镇化格局。

（3）以城市群为推进城镇化的主体形态，形成合理的城镇规模等级体系。该观点认为，我国新型城镇化建设应选择集中型与分散型相结合、据点式与网络式相结合的方式，建立高效率的城镇网络，构建一批各具特色的城市群，以中心城市为核心向周围辐射形成合理的城镇体系。从我国未来城镇化进程和产业结构升级的趋势看，中心城市应重点发展现代服务业和高新技术产业，适时向外转移扩散传统制造业，实现城市产业结构的高级化和轻型化，增强对中小城市的辐射带动能力；中小城市应突出产业的特色化和专业化，大力发展与中心城市关联的制造业和相应的服务业，通过城市之间的功能分工，更好地发挥城市群整体的集聚扩散和辐射带动作用，促进大中小城市和小城镇协调发展，城镇等级规模结构合理化，形成城镇功能互补、发展相互促进的格局。

(4) 以产业集聚引领新型城镇化，以产业融合推动城乡一体化。该观点认为，要把促进产业发展和集聚与加快城镇化发展进程紧密结合起来，不断强化城镇化发展的产业支撑，坚持产业集聚、人口集中和城乡融合的同步推进。所谓科学发展观指导下的新型城镇化战略，一方面应把城市和农村作为一个整体来规划和建设，注重区域协调和社会公平，确保城乡居民拥有公平的发展机会；另一方面要以工业化推进城乡资源和产业的合理聚集，在城市圈层之间通过实施产业集聚和合理分工，彻底打破局部地域的城乡界限，促进产业布局的优化和区域发展价值的最大化。只有产业发展形成合理的空间布局，聚合成具有竞争力的产业链，才能促进城市要素资源集聚，实现郊区、郊县和邻近区域之间的合理分工，逐步消除城乡之间的界限和发展落差。

(5) 破除二元经济结构，以制度创新和新型农村建设为突破口，促进城乡协同发展。该观点认为，新型城镇化要着力解决城镇化过程中形成的城乡差别、社会不公平现状，这需要改变过去以牺牲农村利益为代价的城镇化老路，保障城镇化进程中农民的合法权益，逐步消除城乡间的制度壁垒，使落后的二元经济结构转变为工业化和城镇化协调推进、城市和农村协调发展的一元现代化结构，而新型农村建设恰可成为新型城镇化的突破口。在政策取向上，新型农村社区建设能够为农民这一社会弱势群体提供更加直接而且具有长远意义的支持或扶持，实现造福农民、美化环境、节约土地、稳固农业、统筹城乡、扩大内需、改善公共服务、创新社会管理等多重目标，可更有效地促进城乡协调发展，实现城市生态化、农村集中化和农民居民化，是实现土地资源节约集约利用的战略举措。

以上的措施虽然各有道理，但实施起来却存在很多难题。

首先，如何提升自主创新能力，推进经济发展方式的转变？产业结构优化和经济发展方式的转变，可谓是推动新型城镇化建设的重点，也是难中之难，成功的关键在于区域创新能力的提升。目前，我国自主创新能力差的根本原因在于各区域缺乏长期的知识积淀和产学研脱节，这一问题的解决不是一蹴而就的，需要区域在某一领域进行持续、专注的研究积累。

其次，区域、城镇的长期定位是什么？侧重发展什么产业？多元城镇化道路实现的难点是明确我国各区域的优势、特色与长期定位。产业集聚的难点在于各区域明确长期侧重发展的产业有哪些，在哪里集聚，如何集聚，各产业集聚区间如何合作。这些问题尚未得到理清之前很难走多元化和集聚化的道路，盲目地跟风式发展只会带来恶性竞争和资源浪费。

再次，如何通过合作方式推进城市群建设？城市群建设的难点在于明确城市间如何合作，存在哪些优劣势互补关系，合作内容是什么，合作机制是什么。目前我国区际合作效果差的原因是合作目标不够明确，合作机制不够合理，这需要分析各区域和各城市的知识势能差异，从理论层面予以指导。

最后，如何提升城镇和农村的承载能力？新型农村建设和城乡统筹实现的难点是我国的人口过多，就业困难，目前城镇和农村的承载能力是一大瓶颈，如何从区域整体出发，综合规划城乡关系，以集约方式提升区域的承载能力，是推进新型农村建设、促进城乡融合的关键。

以上问题从表面看是传统城镇化造成的产业发展与动力机制不足、区域合作缺乏、定位不清、创新能力不强等问题，究其根本原因却在于我国城镇化建设中区域产业和核心能力的定位缺乏可持续性发展的理论指导。这需要从区域层面战略地思考城镇的长期发展定位和城乡的融合策略，从知识层面规划产学研的结合，通过长期的知识技术沉淀与知识创新来提升城镇和农村承载能力。

区域知识战略定位是区域在自身知识存量、知识能力和知识优势分析的基础上，结合产业发展现状，明确区域知识战略的目标、知识战略的内容和知识战略的长期实施方案。知识战略定位对区域发展具有重要意义，有利于将知识城市的概念融入政策体系中，指导区域根据知识链定位产业链，结合区域层面的政策，引导、干预和扶持一定领域的知识技术研发和关键性产业的发展，促进城市区域的有效增长。随着社会的发展，地区经济增长越来越依赖于自身资源区别于传统资源而形成的独特性，包括技术、信息、学习能力、劳动技能和经验、合作能力、网络、先进生产与运作流程等。区域，特别是城市区域必须将自己定位于知识型经济中，通过知识战略定位来获取和强化相关性资源，提高知识密度，增强创新能力和动态竞争力，促进经济长期有效增长。

由于我国在知识存量和知识层次上存在明显的区域不平衡性，各区域的知识转移、吸收、消化和创新能力也存在明显的差距，知识战略定位有利于促使区域在原有知识能力和知识结构的基础上，判断知识资源的类型和强度，识别知识优势，选择恰当的、适合自身发展的知识战略，并通过知识需求和知识缺口分析，推动区域知识创新；也有利于区域在知识战略指导下整合知识和产业，形成知识与产业的互动发展机制，以长期发展的政策驱动创新能力与核心能力的提升，带动区域产业的发展、升级和优化。在推进区域合作和城市群建设中，区域知识战略定位还有利于优劣势互补效应分析和合作对象的确定，促成区域性的知识战略联盟，提升知识转移和知识合作的效果，更有效地促进合作区域和城市群的整体创新能力。因此，新型城镇化建设首先需要从知识层面对区域知识战略进行定位，促进区域经济实现可持续性的长期有效发展。

3.3 区域知识战略定位理论模型

区域知识战略定位包含知识战略分析与知识战略制定。知识战略分析是知识战略制定的前提，它的主要目的是识别内部知识的优劣势和外部知识环境的机会与威胁，如果能用知识势能来测度不同区域的知识水平，就能够较为方便地体现出区域知识优劣势，及其相对于其他区域所处的地位了。但如何能够衡量一个区域的知识势能呢？从上一节中的分析中发现，知识结构和知识能力是影响区域间知识差异的重要因素。所谓知识结构，是区域内部的知识构成和知识存量，即区域知识在不同领域或不同类型知识间的分布状况。知识能力体现的是区域知识获取、知识创造、知识吸收、知识转移、知识应用等多方面的综合能力。研究认为，区域知识战略定位应当在对区域知识结构和知识能力分析的基础上，做好“一定位三选择”的工作：“一定位”是对整体的区域知识战略取向的定位；“三选择”分别是有关核心知识资源的区域知识战略内容选择、有关具体领域知识战略目标的知识战略类型选择和区域知识战略实施方案选择。按照知识的分类，区域知识结构决定了区域在不同类型知识领域的优劣势不同，因此针对不同的知识领域，会选择不同的知识战略类型，实施不同的知识战略方案。根据上述分析，可以将区域知识战略定位的理论模型绘制如图 3-2 所示。

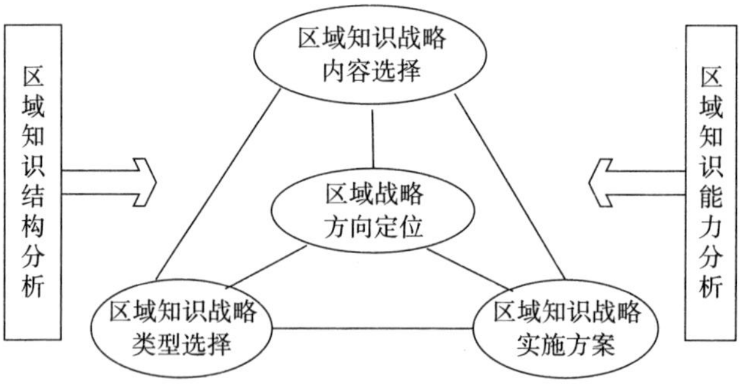

图 3-2　区域知识战略定位的理论模型

图 3-2 中区域战略方向定位是在对区域整体资源和能力分析基础上做

出的战略取向，可以分为三类：第一类是基于资源为核心的战略取向，第二类是基于能力为核心的战略取向，第三类是资源与能力相结合的战略取向。该分类源自资源基础观和能力理论的思想，认为资源、能力和知识同时符合“稀缺性”“异质性”“不可模仿性”“难以替代性”等标准时，能够成为核心竞争力，带来持续性的竞争优势。对于区域而言，如果地区内有着别的区域难以具备的得天独厚的资源，如自然景观、矿山、水源、地理要塞等，则可以资源为核心，开发配套的能力和知识形成特色产业。如果区域难以找到天然形成的资源，则需要后天努力打造能力，并以能力为核心配置资源，积累知识。在一个大的区域内会将两者相结合，同时发展以资源为核心和以能力为核心的产业。区域战略方向定位需要明确核心资源和核心能力，决定发展方向。

区域的发展都期望自身具有一定的特色，与其他区域不要出现同质化现象，这种特色决定了区域不可能面面俱到，不可能各类产业都能发展得很好。区域知识战略内容选择就是在这种情况下帮助区域判断未来会重点开发和研究的知识领域，它受到区域现有的知识结构和知识优势的影响。为了便于对知识存量的处理分析，本书中首先采用2.2节中技术型知识和非技术型知识的划分。通常科技学术论文和专利是技术型知识最重要的信息源和成果库，因此研究者们通常把学术论文和专利产出作为技术型知识的测度对象。而非技术型知识除了一些期刊外，由于知识库的缺乏一直是难以测度的，在未来的区域知识管理中，若能存储更多种类的知识，将能更有效地支持对知识结构的分析。

无论是区域整体的知识战略还是特定知识领域的知识战略，都会因为不同特征而有所区分。在本书中，区域知识战略类型选择是结合区域知识存量和知识能力来做判断的。知识存量可以理解为知识的深度和宽度，一般是从数量和质量角度来进行测度。区域知识能力需要分两个层次来判断：一是区域整体知识能力，它取决于区域知识获取、知识创造、知识吸收、知识转移、知识应用等多方面的综合能力；二是区域具体知识领域的知识能力，尽管一些区域的综合知识能力略弱，但可能在特定领域具有较高的知识能力，相对于其他地区，更易于推动以某类知识为基础的新事物的产生。这里依据知识存量和知识能力的高低，将区域可能采纳的区域知识战略类型划分为六类，如图 3-3 所示。

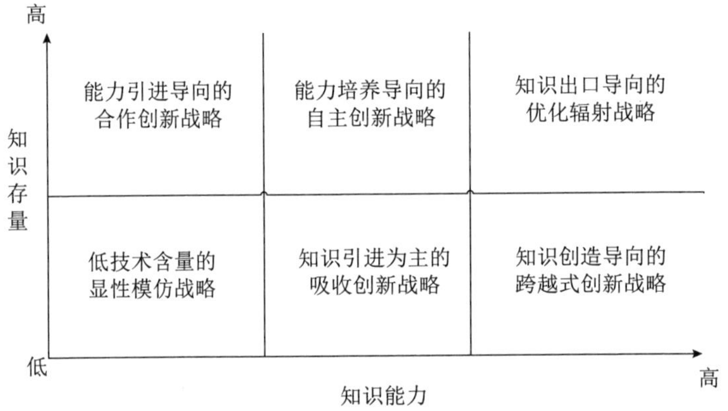

图 3-3　区域知识战略类型

图 3-3 中的区域知识战略类型随着知识存量和知识能力的变化是可以相互转化的。由于区域内存在多种不同的知识领域，因此区域知识战略是多种知识战略类型的组合体。

区域知识战略实施方案是指区域为实现区域知识战略需要采取的措施与手段，它受到具体领域区域知识能力、不同区域间知识结构关系和区域产业发展状况的影响，因此这一部分可以分为两个层面进行分析：第一是区域内部层面，通过区域知识结构和知识能力，分析区域知识和知识能力现状，分析不同知识领域间的知识战略组合关系。第二是区际层面，基于区域选择的具体知识领域，从整体出发，分析不同区域间的知识结构关系，采用区域知识图谱、专利地图和区域聚类分析等相结合的方法分析区际间的合作关系，指导区域判断合作对象，选择合作方法。将两方面的分析结论进行细化，形成可操作的政策建议，最终形成知识战略实施的具体措施。

针对上述模型的分析可以发现，在区域知识战略定位中难点在于对知识结构和知识能力的测度分析。因此，在下一章将重点探讨基于知识结构和知识能力测度的区域知识战略定位方法。

4

区域知识战略定位方法

4.1 区域知识战略定位的技术路线图

在战略的形成过程中，充分认识现有的知识资源和能力至关重要，缺乏知识基础和知识能力支撑的技术和知识战略是难以实现的。为此，探寻并形成一套测度区域现有知识结构和知识能力的方法，帮助区域了解自身具备的知识基础和知识潜能，对区域知识战略定位与相关经济政策的制定具有重要意义。但已有研究对区域知识结构和知识能力的测度存在两方面的缺陷：一是目前对知识能力的测度大多是对某一方面能力的测度，缺乏系统性、综合性的适用于区域层面的指标体系；二是没有考虑到知识维度对知识结构的影响，并进一步影响知识能力测度。

本章将综合运用区域经济学、知识管理、文献计量、专利分析等相关学科的理论，从知识多维性角度构建测度和评估区域知识结构的方法，从知识能力影响因素的角度构建特定领域区域知识能力测度指标体系，对区域现有知识和知识能力情况进行评估，结合具体知识领域的科学知识图谱和专利地图，辅助实现区域知识战略定位和知识合作策略选择。下一章将具体探讨方法的应用。本章的技术路线图如图 4-1 所示。

本章首先基于现实背景、文献梳理、网络调研和资料整理，明确研究背景、研究问题，形成研究的理论基础，明晰区域知识战略的内涵；构建区域知识战略定位模型，提出区域知识战略的类型等，如前三章所示。其次，探讨区域知识结构评估和知识能力测度方法，测度和评估区域知识结构与知识能力，做出区域知识战略内容选择。再次，针对重点领域，对具体知识领域发展现状和区域知识能力进行测度，明确具体领域区域知

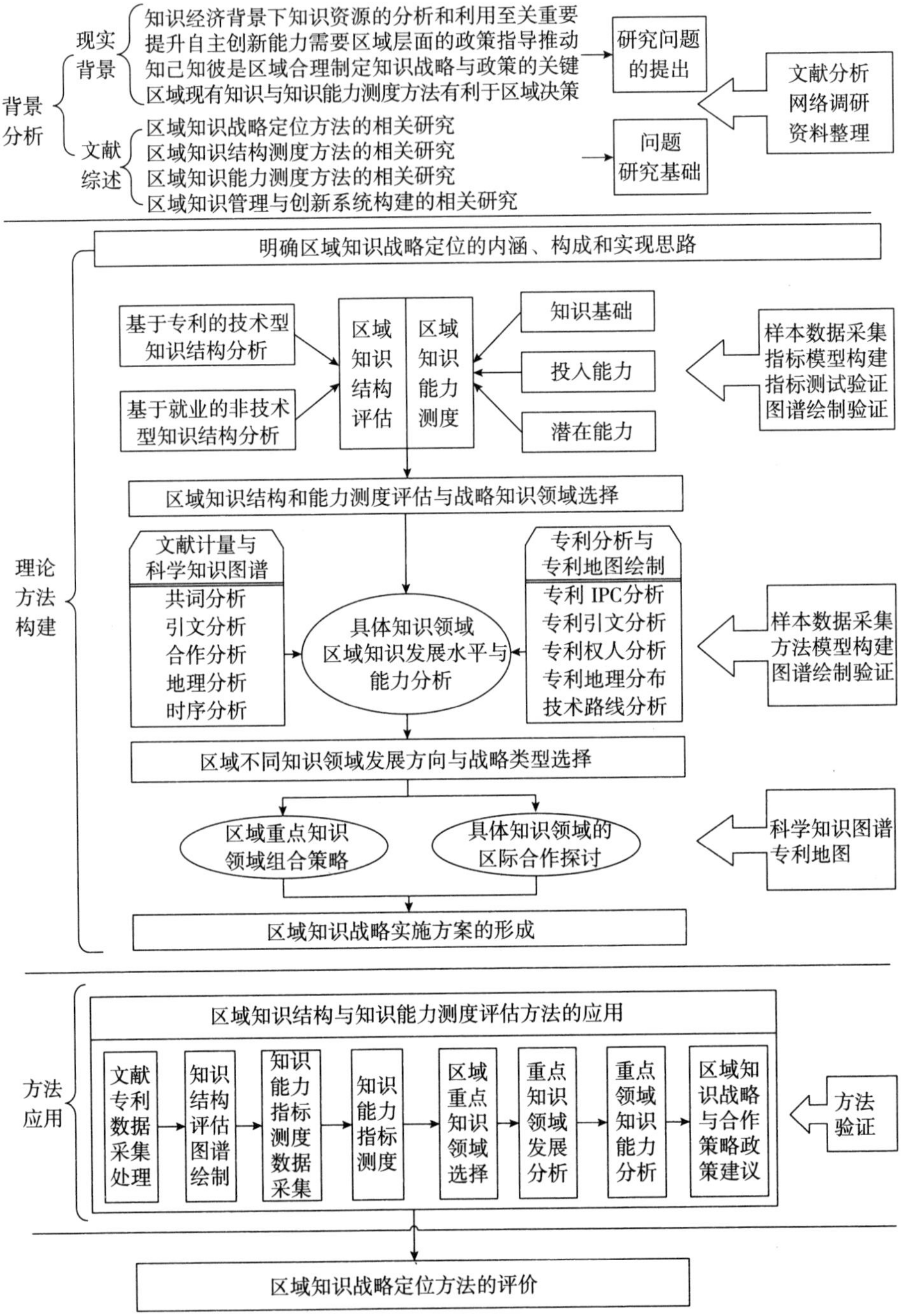

图 4-1　区域知识管理定位方法研究技术路线图

识战略类型的选择，探讨区域各重点知识领域的发展策略。最后，就代表性区域展开具体方法的应用，在应用基础上对方法进行评估、修正和改进。

在前面2.2节中已经提到由于知识的多维性，知识管理领域已从不同维度对知识类型进行了划分，譬如从知识转移和传播的难易程度角度可以把知识分为可编纂的“显示知识”和难以表达的“隐性知识”；从知识应用的维度可以分为“知道什么”“知道为什么”“知道怎么做”和“知道谁”；从知识发展周期的角度可以分为发展中知识、核心知识、基本知识和过期知识；从学科维度可以分为不同学科的知识；从权属关系的维度可以分为自有知识和外部知识；从产品维度可以分为专利、论文、专著等形式；此外，还可以从时间维度、地理维度、载体维度、组织机构维度、战略层次维度、业务流程维度、知识产权形式维度、教育维度等方面进行划分。知识的多维性使知识结构变得异常复杂，而不同类型的知识所对应的知识能力指标值缺乏可比性，因此知识能力的测度需要建立在知识结构划分标准的基础上，知识结构的划分标准又依赖于知识维度的选择。Martin（2012）在对区域知识存量进行评估时将区域知识划分为三类——科学类职业者产生的分析型知识、工程类职业者产生的合成型知识和艺术类职业者产生的象征型知识，这种划分能够较好地通过职业人数来评估知识存量。但这些知识分类存在的一大缺陷是很难与产业分析相关联，从而指导区域间的协作。在本书中将区域知识划分为技术型知识和非技术型知识。其中，技术型知识与科学技术密切相关，是技术创新的基础，能够引导和产生技术革新；非技术型知识包含内容较广，主要指与人文、管理、艺术、设计等方面相关的知识。在各行各业中均存在大量非技术型知识，它们对产业的发展同样起到至关重要的作用。下面将从这两类知识来探讨区域知识结构测度方法和整体的区域知识能力测度方法。

4.2 基于专利的区域技术型知识结构测度方法

区域知识结构介于个人与社会知识结构间，属于中观层面，刘晓英和王元地（2005）认为，区域知识结构是区域知识元及其之间各种关系的总和，不同时空下，其表现形式不同，并有优劣之分。但已有研究对知识结构的测度与对知识能力的测度指标和方法基本雷同，并不能很好地体现区域知识的构成。本书将知识划分为技术型知识和非技术型知识，期望将技术型知识和非技术型知识的结构与产业分布相匹配，从而将区域知识结构与区域产业政策相关联，使分析结果具有更强的政策指导意义。

专利信息在知识经济时代被公认为是最重要、技术知识含量最高、最丰富的数据源。专利统计数据不仅能作为衡量技术能力的技术指标，也可作为衡量经济发展水平的经济指标。因此，可以通过专利数据来测度技术型知识的存量。本节将探讨一种基于专利视角，能够反映区域产业活动的知识划分标准，对区域现有知识结构进行测度与可视化呈现，帮助区域有效识别自身具备的知识资源和能力，为进一步指导区域产业经济活动奠定基础。

4.2.1 基于专利的知识结构划分标准

一般来说，专利可以从三个层面与经济活动相关联。在宏观层面，一个国家特定年份的专利产出总量往往与经济总量数据相关，并可衡量一个国家的创新率、创新能力和技术转移能力等。在微观层面，专利可与企业经济活动相关联，专利研究已成为企业级战略的重要组成部分，目前已在企业监测技术发展趋势、发现技术机遇、制定研发战略、探寻企业和机构间的竞争合作关系中得到较为广泛的应用。在宏观与微观之间的中观层面，区域专利数据研究通常与产业相关联，寻求对经济政策的指导意义。为了能够更好地利用专利数据解释区域内的产业经济活动特征，需要将专利技术知识结构与产业技术知识结构相匹配，并将这种匹配关系应用到区域知识结构的划分标准中。

目前的专利系统已依据专利的技术功能与应用采用了一定的分类体系对专利进行分类，如国际专利分类法（IPC）和联合专利分类法（CPC）。其中，后者是在 2010 年 10 月由欧美联合提出的分类标准，取代原欧洲 ECLA 分类体系和美国的 UC 分类体系，该分类体系与 IPC 是一脉相承的，且具有分类条目更细、检索准确性更高、更新迅速、适应技术发展需要等特征。但 IPC 分类体系应用范围更广，且是中国专利数据采用的分类体系，因此本书将从 IPC 分类体系出发，探寻划分区域知识结构的标准。

IPC 是在 1971 年根据“斯特拉斯堡协议”（Strasbourg Agreement）首次建立，由世界知识产权组织 WIPO 支持并更新出版，用于专利文件分类、组织、识别、确定和检索的标准分类法。IPC 采取等级式分类结构，根据不同的技术领域和等级情况，将专利体系划分为部、类、子类、组和小组五个层次，包含 8 个部、120 个类、600 个子类和大约 70000 个组，其中 63000 个组具有小组，小组还可通过点数进一步进行层级划分。由专利局有经验的审查员审核分配的专利 IPC 代码，使具有相似特征的专利被收集在同一类别中，不同特征的专利被置于不同的类别中。IPC 代码在一定程度上可被视为专利文献内容的主题标签。

然而，在数据处理中发现，IPC 分类更适合于具体技术的知识结构分析，并不适合用于与产业密切相关的区域知识结构分析。尽管很多研究表明专利数据与产业经济活动有着重要关联，但若不能找到产业与 IPC 类之间的对应关系，就难以从区域专利数据中挖掘出与其产业关联的知识结构特性。

基于文献，发现已有不少学者探寻了专利 IPC 分类与产业技术关联的一致性对照表（Concordance Table）。这一思想最早由 Schmookler 等（1996）提出，在美国于 1966 年尝试使用，将专利应用的产业信息记录到专利信息中。美国专利商标局（USPTO）后来基于此，将 USPC 类别与美国标准工业分类中的 41 个类别进行一致性对照，用于产业技术分析。但是 USPC 和美国工业分类 US-SIC 均不是国际通用的，因此适用性较窄。

YTC（Yale Technology Concordance）是第一个 IPC 与产业间的综合对照表。YTC 表全面覆盖了交叉分类的 25 万项专利中包含的所有技术和行业，且 IPC 与 SIC 间的对应关系采用的是客观概率而不是主观权重，并允许在多个部门中使用相同的技术特征，因此得到较广泛的认可和应用。但该方法也存在一定的局限性：一是其他国家的专利只具有 IPC 信息，难以直接判断对应的 IOM-SOU 码，使其方法的适用性较窄；二是 SIC 并非行业层面广泛采用的分类系统，使该对照表引入到其他经济分类系统中使用时一致性较差，噪声较大；三是该对照表是基于 1978~1993 年加拿大专利数据生成的，时间和空间上的限制使其难以应用于新时期新地域的专利分析。2002 年 Johnson 在 YTC 的基础上为解决加拿大工业分类标准（SIC）在国际上未被广泛应用的问题，将加拿大知识产权局中专利的 IOM 和 SOU 信息与国际标准工业分类（ISIC）进行对接，生成 IPC-ISIC 对照表，即 OTC（OECD Technology Concordance）。OTC 对照表可以广泛应用于不同的国家，但它只是 YTC 对照表再次翻译和一致性对应的结果，上述的第一个和第三个问题并未得到解决。

与此同时产生的 MERIT 对照表和 DG 对照表采用了不同的方法路径，即基于 IPC 和工业分类标准说明文件来进行分析和匹配。MERIT 对照表是由 Verspagen 等于 1994 年提出，基于国际标准工业分类（ISIC-rev. 2），将四位数级的 IPC 子类与两位数或三位数对应的 22 种综合性制造业类进行一致性匹配的方案。采用基于芬兰统计局相似一致性算法智能生成，将 625 个 IPC 子类按不同权重归入到 22 类工业类中。IPC 权重说明该 IPC 码下的专利分配给相应 ISIC 码的份额。100%的百分比意味着将 IPC 类中所有专利分配给相应的 ISIC 类别。DG 对照表是由 Schmoch 等（2003）首先对 NACE 和 ISIC 代码的官方说明文件进行分析，选择出工业部门，将这些部门与 IPC 代码的技术分类进行初步匹配；其次针对不同工业部门下的 3000 多家企业的技术部门进行专利活动调查，形成技术与工业分类间的匹配矩阵，将调查结果与理论分析结果进行比对和修正，形成最终对照表。由于工业分类与 IPC 分类始终存在较大的出入，不同国家间也存在着不同的技术和工业分类。费劳恩霍夫 ISI 研究所、科技观察署（OST）与法国专利局（INPI）合作根据国际专利分类（IPC）的规范开发出更系统的工业技术分类，这里称其为 ISI-OST-INPI。2008 年 Schmoch 再次根据 ISI-OST-INPI 分类中的 35 个工业技术类别，建立了 IPC 与工业技术类别对照表，以便于不同国家间的技术与经济比较分析。这个对照表的优点在于：第一，适应性较广，ISI-OST-INPI 技术分类充分考虑不同国家的工业分类差异，因此设计出的产业技术类型能够应用于国际间的比较，也能够适用于分析中国专利数据。第二，Schmoch 将理论分析与实证调研相结合，结果具有较强的说服性。但该方法是把一类 IPC 专利完全归入到一个 ISI-OST-INPI 技术分类中，没有做权重的考虑，而一些 IPC 子类中的技术实际是可以应用于多种产业技术中的。

2014 年 Lybbert 和 Zolas 基于专利文本挖掘和关键词提取技术，提出了生成 IPC-SITC 对照表的 ALP-DM（Algorithmic Links with Probabilities—Data Mining Approach）和 ALP-PM（Algorithmic Links with Probabilities—Probabilistic Matching Approach）法。ALP-DM 法的主体思想是：首先从 SITC 的各行业描述文本中，选择出搜索词，即行业关键词，根据这些词从 PATSTAT

专利数据库中检索出相对应的专利；其次获得这些专利中所有 IPC 子类出现的频率，根据各 IPC 子类专利的总体频率进行混合加权处理。ALP-PM 法是从特定 IPC 专利集中提取关键字，使用概率权重将其与行业描述相匹配。经过测试发现，通过混合权重处理的 ALP-DM 法在对照效果和生成对照表的效率方面均胜过基于概率匹配的 ALP-PM 法。实际操作中，这两种方法的计算和统计过程相对复杂，工作量非常大。

对比以上 IPC-产业一致性对照表及其生成方法的优缺点和适用条件，本书将采用适应性较为广泛的 ISI-OST-INPI 技术分类标准作为区域知识结构的划分标准，并借鉴 DG 对照表和 ALP-PM 法对 Schmoch（2008）基于 ISI-OST-INPI 技术分类方式形成的 IPC-产业技术类别对照表进行修正，生成能够更好体现对应关系且适合中国专利数据的 IPC-产业技术对照表。

4.2.2 IPC-产业技术对照表的生成方法

基于 ISI-OST-INPI 技术分类标准，专利数据可以被划分到 35 个不同的产业技术类别中。它们分别为：电机、仪器与能源，视听技术，电信，数字通信，基础通信处理，计算机技术，IT 管理方法，半导体，光学，测量，生物材料分析，控制，医疗技术，有机精细化学，生物技术，制药，大分子化学与聚合物，食品化学，基础材料化学，材料冶金，表面技术与涂层，微结构与纳米技术，化学工程，环保技术，包装处理，机械工具，发动机、泵与涡轮机，纺织与纸，其他专用机器，热处理与设备，机械元件，交通运输，家具与游戏，其他消费品，土木工程。

研究提出的 IPC-产业技术对照表的生成方法可以分为以下三个步骤：

第一步，基于标准描述确定检索词。该步骤直接影响到 IPC 与产业技术匹配的效果，因此非常重要。在执行过程中，首先根据 ISI-OST-INPI 技术分类标准中对每个技术类别的描述，确定该技术类别的关键词和术语。但这样确定的关键词和术语可能不够全面，因此需要对基于这些关键词检索出的完全匹配的专利进行关键术语挖掘，将重要术语添加到该类标准的专利数据检索词中。然而这样形成的检索词可能还会存在一些问题，需要对每一个检索词进行判断和甄选，删除具有多重含义或定义过于笼统的术语，确保最终的检索词具备相应技术类别特征和产业特色，以免在匹配过程中产生歧义。最终每个技术类别可确定几个到几十个检索词，以及一些需要剔除的检索词。

第二步，确定每个技术类别的 IPC 子类及其权重。根据每个技术类别的检索词，形成检索策略，对专利数据库进行检索。针对每类技术类别检索形成的专利集进行 IPC 统计分析，将技术类别 i 下的 IPC 子类 j 的专利数量记为 m_{ij}；再检索各 IPC 子类的总体专利数量记为 M_j。利用 m_{ij} 与 M_j 的比值计算出各 IPC 子类在特定技术类别中的权重值 w_{ij}。这种加权处理能够更好地反映产业技术分类的专利技术特性。

第三步，整理每个技术分类下的 IPC 子类和权重，形成 IPC-产业技术对照表。由于研究采集的是中文关键词和中国专利数据库中的数据，因此生成的对照关系更适合于中国专利数据研究。

4.2.3 区域知识结构的可视化呈现方法

在确定基于专利数据的知识结构划分标准和基于对照表的专利数据采集方案后，需要解决的下一个问题是如何有效地将区域知识结构可视化展现。由于不同技术类型的专利数量差异较大，譬如微结构与纳米技术在中国专利数据库近五年中的发明专利申请总量不足 2000 件，而电机、仪器与能源类的发明专利申请总量超过 22 万件。同时在区域间的比较中，一些区域专利产出量非常少，一些区域专利产出量较多，譬如在我国 33 个省份（澳门地区除外）中，西藏近五年的发明专利申请总量不足 1000 件，而江苏超过 57 万件。它们的数量关系很难在一幅图中体现出来。为了既能够体现一个区域不同技术类别下的专利知识数量累积效应形成的知识结构，又能体现区域具体知识领域竞争力强弱关系形成的知识结构，研究分别对专利数据进行自然对数处理和百分占比处理，如式（4-1）和式（4-2）所示。

$$Natural\text{-}\mathrm{Log}\text{-}Value(R_i, T_j) = \mathrm{Log}_e N_{ij} \tag{4-1}$$

$$Percentage(R_i,\ T_j) = \frac{N_{ij}}{\sum_i N_{ij}} \times 100\% \tag{4-2}$$

其中，R_i 表示研究区域对象中的第 i 个区域，T_j 表示第 j 个产业技术类别，N_{ij}表示区域 i 在技术 j 类中具有的专利数量。自然对数处理的优势在于能够将存在一定数量级的数据显示在一幅图中而不失数据的相对大小关系。百分比处理能够用于区域间相对实力强弱的比较。这两类数据结合雷达图，可以较好地体现出不同区域的技术知识结构特征，本书将这两类知识结构分别称为量能知识结构和势能知识结构。图 4-2 展示了上述思想形成的区域知识结构测度与可视化呈现方法。

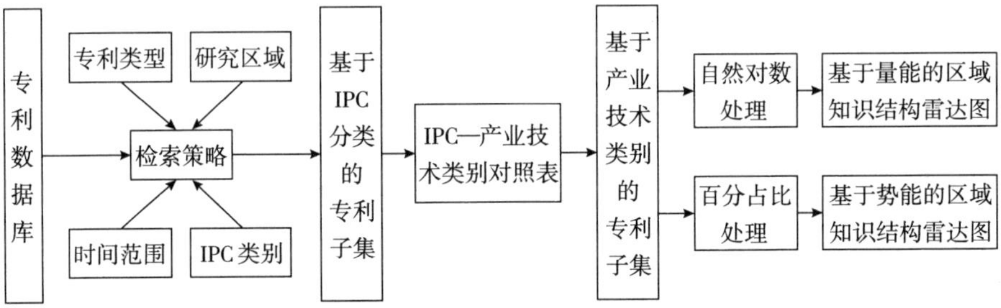

图 4-2　基于 IPC-产业技术对照表的区域知识结构测度与可视化呈现方法

图 4-2 中的区域知识结构测度与呈现方法是在 IPC-产业技术对照表形成后，基于专利数据采集与统计处理完成的，主要包含四个环节：一是基于检索策略的专利数据采集过程；二是基于 IPC-产业技术对照表的匹配过程；三是基于自然对数和百分占比的数据处理过程；四是区域知识结构的雷达图展示。

4.3 基于就业区位熵的区域非技术知识结构测度方法

非技术型知识的信息比较难以获取，目前很难找到衡量非技术型知识的数据，考虑到非技术型知识更多地存在于人脑中，其结构亦是不同人群间彼此交互而形成的。研究认为，当地产业就业人数越多，拥有的相关产业非技术型知识同样会越多，因此就业人数能够间接体现出区域非技术型知识基础的强弱。基于这一观点，可以通过就业人数来分析不同产业非技术型知识在区域间的相对存量。《中国城市统计年鉴》中对各省份及地级市的 19 个不同行业从业人数进行了统计，可以作为区域非技术型知识存量的测度数据。

尽管人们常用总量对比关系来评估不同区域间同类知识基础的相对强弱，但在评估一个地区不同知识基础的相对强弱，体现其知识结构特征时，受不同量纲或知识特性的影响，总量法失去其意义，需要有参照量辅助对比。区位熵（Location Quotient，LQ）分析法正好符合这一思想。该方法是经济地理学中一种经典分析方法，用于将当地经济或产业与参照经济或产业进行比较，试图确定当地经济或产业的专业化程度。研究将区位熵的思想引入到区域内部知识结构特征分析中，确定区域内不同类知识的相对优劣势。利用不同产业就业数据计算某区域各类非技术型知识的熵值公式如式（4-3）所示。

$$NLQ_{ij} = \frac{E_{ij}/\sum_{i} E_{ij}}{\sum_{j} E_{ij}/\sum_{i}\sum_{j} E_{ij}} \tag{4-3}$$

其中，NLQ_{ij}为j地区i产业非技术型知识的区位熵值，E_{ij}为j地区i产业的就业人数。NLQ_{ij}熵值的含义是j地区i产业非技术型知识存量在j地区总的非技术型知识存量中的占比与i产业非技术型知识存量在所有产业非技术型知识存量中占比的比值，其中非技术型知识存量通过不同产业就业人数进行测度。根据区位熵的特征，熵值大于1表明该类知识存量在被研究区域知识存量中的份额超过了参照对象中的知识存量份额，是该地区具有相对优势的知识类型；反之，熵值小于1反映出这类知识在被研究区域的相对优势较弱。这里借鉴 Roman Martin（2012）的观点，认为当 LQ 大于 1.25 时，说明这一知识类型在区域中具有较高的专业化度和较强优势；当 LQ 小于 0.75 时，说明这一知识类型在区域中具有较低专业化度或比较薄弱。根据区位商的性质，只需要将区域内各知识类型的区位熵值计算出来，即可通过雷达图绘制出该区域的知识结构。

该区位熵法同样适用于技术型知识，利用不同工业技术类别下专利数据计算某区域各类技术型知识的熵值公式如式（4-4）所示。

$$TLQ_{ij} = \frac{P_{ij}/\sum_{i} P_{ij}}{\sum_{j} P_{ij}/\sum_{i}\sum_{j} P_{ij}} \tag{4-4}$$

其中，TLQ_{ij}为j地区i类技术型知识的区位熵值，P_{ij}为j地区i类技术型知识所对应的近十年专利产出数。TLQ_{ij}熵值的含义是j地区i类技术型知识存量在j地区总的技术型知识存量中的占比与i类技术型知识存量在所有技术型知识存量中占比的比值，其中各类技术型知识存量由近十年专利产出数进行测度。由区位熵构建出的知识结构图与4.1节基于专利数量的自然对数形成的知识结构是不同的，区位熵法更容易体现出一个区域内的相对知识优势，是区域内部不同知识类型势能的相对强弱，而后者反映了不同知识类型量能的相对强弱，即数量上的相对强弱。

4.4 区域知识能力测度方法

4.4.1 区域知识能力的概念及其支撑模型

4.4.1.1 区域知识能力的概念

知识对经济的促进作用源自其对创新的推动作用，早期人们对知识的研究并非知识经济本身，而是知识作为影响因素对创新、生产、市场和组织各方面产生的影响。马克思（1865）最早指出，知识是不受社会和经济基础设施影响，但反过来却又会作用于社会和经济基础设施的；熊彼特（1912）指出，知识对经济的贡献在于知识的新组合是创新和创业精神的核心；马歇尔（1916）指出，知识是最强大的生产引擎，资本很大程度上存在于组织知识和组织结构中。这些研究均是针对创新而展开的，并把知识作为创新影响因素来理解。随着20世纪90年代资源观的兴起，知识被认为是最重要的经济资源，知识资源对经济的微观作用和知识体系划分受到重视，获取有效的知识资源成为企业保持核心能力的关键。面对超竞争的动态环境，技术创新和动态响应使研究者们很快在资源观和核心能力理论基础上提出动态能力的概念，并进一步提出基于知识的动态能力理论，将知识的动态能力理解为获取、生成和组合内外部知识资源来感知、探索和解决动态环境问题的能力。随着知识能力观的发展，对知识能力解释与测度的研究逐渐丰富起来，但主要从知识竞争力、知识创造能力、知识获取能力、知识吸收能力、知识共享能力、知识转移能力等角度来分析，停留在个人和组织层面，对区域知识能力的研究较少，也尚未形成明确的概念。

然而在信息高度流通化的今天，不考虑区域内部和相互之间作用的环境，就难以讨论知识和创新的相关过程和政策产生实际作用的原因。

“区域”一词源于拉丁文“regio”，具有“治理”的意思，在区域发展研究领域，区域划分的目的是通过区域管理政策辅助治理和实现该区域经济社会的发展。自1992年以来，有关区域创新体系和政策方面的研究备受关注，知识在区域创新中的作用愈加显著，与企业层面类似，区域知识也应当从因素观、资源观转变到能力观，提升区域知识能力将成为区域获取和保持竞争优势的重中之重。区域知识能力尽管与竞争力相关，但它不等同于区域竞争力，与个人和企业层面知识能力也有所不同，它主要体现于构造区域知识环境，促动企业和个人在区域内的知识活动，激发知识创新与应用的能力。因此，环境和政策是区域知识能力形成的关键。

4.4.1.2 区域知识能力支撑模型

区域知识能力受到多种因素的影响，但主要受到三方面的支撑：一是知识基础，二是投入能力，三是潜在能力。它们如同三大支柱，决定着一个区域的知识能力，如图4-3所示。

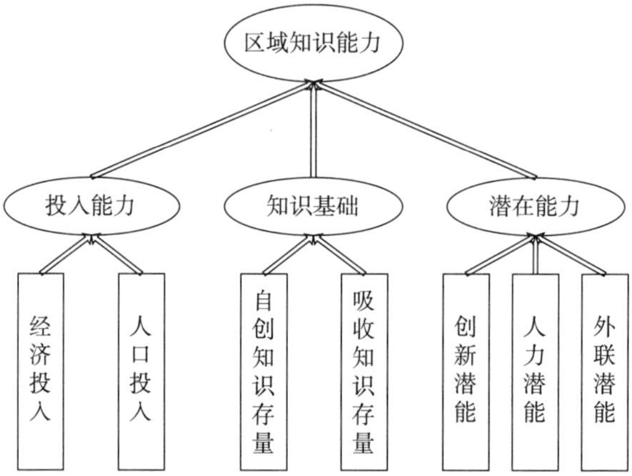

图4-3 区域知识能力支撑模型

影响区域知识能力的知识基础主要体现于知识存量，根据 Frenz（2010）对知识存量的解释，可以把区域知识存量理解为某特定区域特定时点的知识资源总量，它也能够反映该区域生产知识的潜能。Lavie 等（2012）认为，知识存量是显性知识和隐性知识以各种形式存在的总和。知识能力受到知识存量宽度和深度两方面的影响，宽度体现于知识的多样性，深度体现于某一具体领域内知识存量水平。Colombelli 和 Quatraro（2017）的研究指出，区域本地的知识存量和知识库对区域内新知识的产生和新企业的形成影响显著，主要体现在知识更易于重组和结合，这些知识可能是密切相关的也可能是松散相关的。区域知识存量对区域创新的影响与企业不同，企业的知识存量可能由于经验刚性对创新产生负效应，但区域知识存量只会加深企业间的交流与合作，为知识网络的形成提供更强有力的支持，从而提升区域知识能力和创新活跃度。知识存量有两种来源：一是自创知识，二是从外部获取后吸收的知识。获取但未被吸收的知识是难以产生实际作用的。

投入能力包括财力、物力和人力的投入。财力、物力可以通过经济基础来衡量，又可称为经济投入；人力投入可以通过人口数量和密度来体现，又可称为人口投入。区域的经济基础从某种侧面反映了区域知识活动投入的强度。一方面，区域内的企业经济活动越多、越丰富，企业对知识投入越重视；另一方面，财政收入越高，越能够对基础性的软硬环境设施进行投资，对知识网络构建进行投资，对知识引进吸收进行投资，从而提升知识能力。正如 Gould 和 Panterov（2017）指出的，富裕地区的人口更易于接近技术前沿，生产新知识的概率较高。由于任何知识活动最终需要人来完成，因此在人口数量越多、密度越大的区域，知识活跃度越高，知识和新想法产生的可能性也越大。

潜在能力包含创新潜能、人力潜能、外联潜能三个方面。创新潜能可以通过以往创新能力来体现。实质上，无论个人、组织，还是区域，其未来创新能力均是未知且难以评估的，但经验表明，历史创新能力较强的区域仍能够保持较强的知识创新能力，因此可以用事后评估的创新能力作为对未来创新潜能的判断。人力潜能主要体现于高素质人才的数量，留住和吸引高素质人才对区域知识能力提升至关重要，因为他们是区域开展知识活动、实现创新的主要引领者。而高素质人才离不开教育资源，特别是高等教育，高校云集的区域更易于高素质人才的聚集。美国是一个很好的实例，虽然其人口投入不算高，但高水平学校的云集造成外部人才不断流入而保持较高的创新水平。外联潜能指的是区域与外部联系，获取、吸收和转移知识的潜能。由于知识的复杂性和多用性，基于区域空间形成的知识网络对促动企业知识活动非常重要，开放的区域环境能够增强区域知识网络构建能力和开放式创新能力。

上述三个方面任何一方短缺都会使知识能力水平大幅下降，但这三方面又相互影响、互相促进，使区域能够通过一定的努力弥补某方面的短缺。当知识基础较弱时，区域可加强外联潜能，通过知识获取和吸收来增加知识存量；人口投入较少时，可以吸引外来人口；经济投入不足时，可以加强外部资金引入和采取金融融资手段；创新潜能较弱时，可以通过经济投入和人口投入，从基础环境、文化氛围、聚集效应等方面进行改善；人力潜能较低时，应加强教育投入和人才引入；外联潜能较低时，需要加强区域知识网络建设，提升外部知识连接度。可见，通过图 4-3 的区域知识能力支撑模型，可以探索一种有效的区域知识能力评估方案，帮助区域发现问题，找到提升区域知识能力的方向。

4.4.2 区域知识能力测度指标与方法

4.4.2.1 知识基础层面测度指标

知识的多维性对知识基础的测度同样带来难度，本书将区域知识划分为技术型知识和非技术型知识，在强调创新的区域知识能力中，认为非技术型知识以认知性知识和应用型知识为主。认知性，即概念性知识是随着新技术新产品的出现，向广大居民普及的知识，帮助居民理解技术知识和新产品。应用型知识是通过对用户行为产生的电子数据进行累积分析，形成的支持决策的知识。这三类知识与区域知识能力密切相关，直接关系到知识创新、应用和市场推广。但从测度的角度看，技术型知识易于测度，且作为技术创新的源头，又决定了后两种知识的产生和存量。通常对技术型知识存量的测度采用专利和科学文献两类。Wong 和 Fung（2017）认为，专利是已有技术的呈现，而科学文献是对理论预期技术的呈现，科学文献能够促进知识库的科学活动，而专利与技术发展的商业或市场潜力关系更为密切，因此专利所包含的技术知识更能够体现区域知识的活跃度，且外部获取知识经内化创新后也能转化为新的专利，从长期看专利来自于自主创新与吸收创新，反映了自创知识和获取并吸收知识两方面的存量。

由于区域知识存量受到当前知识产出量、前期知识存量和知识衰减率的影响，本书将采用专利数据，借鉴时间衰减模型对区域 i 在 t 时期的知识存量进行测度，如式（4-5）所示。

$$KS_{it}=KO_{i(t-1)}+(1-\delta)KO_{i(t-2)}+(1-\delta)^2KO_{i(t-3)}+\cdots+(1-\delta)^bKS_{ib} \quad (4-5)$$

$$KO_{it}=w_1IKO_{it}+w_2UKO_{it}+w_3DKO_{it} \quad (4-6)$$

其中，KS 为知识存量，KO_{t-1} 为 $t-1$ 时期的知识产出量，这里通过专利产出量来测度。在专利库中通常含有发明、实用新型和外观设计三类专利，它们均为知识活动的产出，但对知识存量的影响力度有所不同，因此在测度中给三者分别赋予不同的权重，使其计算公式如式（4-6）所示，IKO 为发明申请类专利数量，UKO 为实用新型类专利数量，DKO 为外观设计类专利数量，w 为权重取值。由于专利入库和知识产生作用均存在一定的滞后效应，假设滞后效应为 1 年，式（4-5）中 t 年知识存量是从上一年知识产出量开始倒推计算的累积量，δ 为知识衰减率；KS_b 为基期的知识存量。假设

区域 i 的知识输入量以 g 为平均增速匀速增长，上述公式可近似转变式（4-7）。

$$KS_{it}=KO_{i(t-1)}(1+g_i)/(g_i+\delta) \tag{4-7}$$

利用功效系数法对知识存量进行评估，得到不同区域的知识基础指数，如式（4-8）所示。

$$KSI_{it}=\frac{\text{Log}(KS_{it})-Z_b}{Z_h-Z_b}+KSI_{LOW} \tag{4-8}$$

其中，首先对区域知识存量进行对数处理，Z_b 和 Z_h 分别为对数化处理后设置的最低值和满意值，KSI_{LOW} 为允许的最低分值，即平移量。这些值的设置具有一定的相对性和主观性，最终得到的知识基础指数处于0~1区间。

4.4.2.2 投入能力层面测度指标

在投入能力层面包括两方面的指标：一是经济投入，二是人口投入。经济投入采用一个区域的人均 GDP 来衡量，人均 GDP 通常能够反映一个区域的富裕程度，越富裕的人群在知识活动上的投资相对也会越多。同时，富裕的区域能够集中投资的资本也较大。人口投入上采用人口密度来衡量。尽管研究表明人口的集中有聚集经济带来的优点，还有拥挤不经济带来的缺点，众多国家亦经历了倒“U”形的人口转型，但本书认为人是具有理性选择能力的，一个地区的人口密度高，一定是地区对人口的容纳度较高，否则人口会自动迁移离开。基于这一观点，从知识能力的角度，在经济条件相同的情况下，人口密度与知识能力应呈正相关关系，人口聚集度越高，相同的经济投入产生的知识效应和知识产出也会越高。分别利用功效系数法对区域人均 GDP 和人口密度进行评估，得到不同区域的经济投入指数和人口投入指数，如式（4-9）和式（4-10）所示。

$$EII_{it}=\frac{PCG_{i(t-1)}-PCG_b}{PCG_h-PCG_b}+EII_{LOW} \tag{4-9}$$

$$PII_{it}=\frac{\text{Log}(PD_{i(t-1)})-LPD_b}{LPD_h-LPD_b}+PII_{LOW} \tag{4-10}$$

其中，EII 为经济投入指数，PII 为人口投入指数。PCG 为人均 GDP，PD 为人口密度。PCG_b、PCG_h 是根据被研究区域人均 GDP 的相对情况设置的最低值和满意值，LPD_b、LPD_h 是对人口密度对数处理后设置的最低值和满意值。EII_{LOW}和 PII_{LOW}为允许的最低分值，即平移量。受到数据采集的限制，区域 i 在 t 时期经济投入和人口投入需要用 $t-1$ 时期的人均 GDP 和人口密度来测度。在此基础上进一步计算投入能力指数，如式（4－11）所示。

$$KII_{it}=EII_{it}\times PII_{it}+KII_{Low} \tag{4-11}$$

其中，KII_{LOW}的平移量是根据区域相对值所做的调节。式（4－11）体现出经济投入指数和人口投入指数需要同时增加才能大幅提升知识投入，仅有经济投入，缺乏人为参与，如同完美的基础设施和园区建设，缺乏企业入驻与人口集聚，只是空城而已。而人口众多，缺乏经济投入，只能是贫困的聚集，同样难以产生知识效应。

4.4.2.3 潜在能力层面测度指标

在潜在能力层面包含创新潜能、人力潜能和外联潜能三方面指标。肖沪卫和顾震宇（2011）指出，区域专利分析得到的一些指标能够反映区域的创新能力，包括区域优先权专利数量、区域专利相对产出指数、区域相对专利产出率、区域专利被引数量、区域专利成长率、区域即时影响指数、区域技术强度等。这里采用区域专利相对成长率和影响指数结合知识基础指数对区域创新潜能进行测度，修正后的计算公式分别如下。

$$PG_{it}=KO_{i(t-1)}/KO_{i(t-2)} \tag{4-12}$$

$$PI_{it}=\text{Log}\left[\sum_{n=1}^{5}PC_{i(t-n)}\right]/\text{Log}\left[\sum_{n=1}^{5}PC_{(t-n)}\right] \tag{4-13}$$

$$IPI_{it}=\alpha_1(KSI_{it}\times PG_{it})+\alpha_2 PI_{it}+IPI_{Low} \tag{4-14}$$

其中，PG 为区域专利成长率，是上一年度区域专利产出加权量与再上一年度区域专利产出加权量的比值。PI 为专利影响指数，PC 为专利被引数量，区域专利影响指数为区域前五年专利被引次数与所有区域前五年专利被引次数的对数比值。创新潜能指数为知识基础指数与区域专利成长率乘积和区域专利影响指数的加权之和，α_1 和 α_2 为加权系数，IPI_{LOW} 为相对平移量。

人力潜能方面将从两个方面进行测度：一是区域内具有本科及以上学历人员占总人口比重，用 POB 代替；二是高校特别是重点高校的数量，用 NOU 代替。前者反映区域内人员的创新素质潜能，后者反映区域培养创新素质人才的潜能。由两者测度人力潜能指数的公式如式（4-15）所示。

$$\begin{aligned} PPI_{it} &= \beta_1 \times QP_{it} + \beta_2 \times TP_{it} + PPI_{LOW} \\ &= \beta_1 \times \frac{POB_{i(t-1)} - POB_b}{POB_h - POB_b} + \beta_2 \times \frac{NOU_{i(t-1)} - NOU_b}{NOU_h - NOU_b} + PPI_{LOW} \end{aligned} \tag{4-15}$$

其中，PPI 为人力潜能指数，QP 为素质潜能指标，TP 为培养潜能指标，β_1 和 β_2 为加权系数，PPI_{LOW} 为相对平移量。

外联潜能主要反映区域知识获取、转移、吸收和辐射能力，该能力在区域层面需要通过提供与外部联络的网络环境来促进相应活动的产生。为了反映外联知识网络形成的状况从而测度外联潜能，这里采用合作专利数量，即专利权人数大于 2 的专利数量和技术市场成交额来进行测度，两者分别从合作和交易两个方面反映了外联潜能，测度公式如式（4-16）所示。

$$\begin{aligned} EPI_{it} &= \lambda_1 \times CP_{it} + \lambda_2 \times BP_{it} + EPI_{LOW} \\ &= \lambda_1 \times \frac{\mathrm{Log}[NCP_{i(t-1)}]}{\mathrm{Log}\left[\sum_{i=1}^{n} NCP_{i(t-1)}\right]} + \lambda_2 \times \frac{\mathrm{Log}[TBP_{i(t-1)}]}{\mathrm{Log}\left[\sum_{i=1}^{n} TBP_{i(t-1)}\right]} + EPI_{LOW} \end{aligned} \tag{4-16}$$

其中，*EPI* 为外联潜能指数，*CP* 为合作潜能指标，*BP* 为基于商业的技术交易潜能指标，*NCP* 为专利权人数大于 2 的合作专利数量，*TBP* 为区域技术市场年度成交额，*n* 为研究区域数量，λ_1 和 λ_2 为加权系数，EPI_{LOW} 为相对平移量。

4.4.2.4 知识能力的综合测度

从知识能力的角度，在投入条件相同的情况下，潜在能力与知识能力呈正相关关系，潜能越高，相同投入产生的知识效应和知识产出也会越高。而三种潜能之间既相互促进提升，又互为弥补。借鉴柯布—道格拉斯生产函数，计算区域 *i* 在 *t* 时期的知识能力值，如式（4-17）所示。

$$KCI_{it}=A_{it}\times KSI_{it}\times KII_{it}^{\theta_1}\times IPI_{it}^{\theta_2}\times PPI_{it}^{\theta_3}\times EPI_{it}^{\theta_4}$$

$$\theta_1+\theta_2+\theta_3+\theta_4\leqslant 1 \tag{4-17}$$

其中，*KCI* 为区域知识能力指数，A_{it} 为固定系数，θ 为投入指数和潜能指数的弹性系数，四种弹性系数之和通常小于 1。式（4-17）反映出在以往知识存量形成的知识基础前提下，区域知识能力取决于投入能力和三种潜能。

4.5 特定知识领域分析方法

在区域知识结构分析后，区域可以明确重点发展的知识领域或具体产业，但要形成具体知识领域或产业的发展思路，还需要进一步对特定领域进行分析，了解特定领域知识在区域内外的发展脉络和现状，为该领域的自主研发和合作策略奠定基础。针对这些知识领域或产业，可以采用知识图谱和专利地图分别分析知识发展脉络和前沿、知识分布情况、在不同区域的分布情况，明确知识领域发展方向，辅助探讨区域合作策略。

4.5.1 基于专利地图的特定领域知识分布与合作分析法

专利信息分析和专利地图是相辅相成、密切相关的。目前，专利信息分析方法主要包括以下三类：一是统计与文献计量法，对专利中结构性信息，如专利号、申请日期、发行日期、引用情况、发明人、权利人、IPC 分类号等进行描述性统计；计算出相应的指标衡量创新能力；或对大量专利文献中的引文、专利权人、关键词等进行计量分析，预测技术发展的动态趋势。二是引文网络分析法，通过专利间的引用关系来监测技术的发展与演进，或检测专利侵权情况，以及指导跨学科技术的融合等。三是文本挖掘法，自 Feldman（1995）将机器学习与统计分析相结合的数据挖掘技术运用到非结构化文本中，提出文本挖掘的概念后，文本挖掘技术得到快速发展，并已应用于专利分析中。通过文本拆分、归纳提取、关键词识别、主题检测、分类、聚类等过程，从专利文献中抽取技术术语，提取关键词，挖掘关联关系，可有效识别研究热点和技术创新的知识与机遇。而在专利信息分析的可视化方面，专利地图以图、表、立体图形等形式，直观地展现出专利的信息特征和专利间的复杂关系，成为挖掘潜在技术信息的有力工具。随着信息处理和可视化技术的迅速发展，大部分专利信息分析结果都可以可视化为专利地图形式。

专利地图既是信息整序的一种手段，又是信息整序的一种结果，具有直观生动、简洁明了、通俗易懂和便于比较等特点。随着信息技术的迅猛发展，专利地图分析方法被信息分析人员普遍采用，且在企业知识战略定位中得到广泛应用。专利地图的研究主要集中在三个方面：一是专利管理图，服务于经营管理，反映某一领域的整体发展态势；二是专利技术图，服务于技术研发，特定技术动向，预测技术趋势；三是专利权利图，服务于权利范围界定，揭示权利要求范围。

近年来，一些研究者开始尝试利用专利地图分析区域的技术与经济发展，发现专利反映出的知识和技术能力与区域的经济增长和长久发展能力密切相关，指出区域专利地图可用于考察和分析一个国家或地区的技术与知识的研发实力、发展态势和可重点发展领域。利用专利在国家、城市和区域间的分布情况可以判断区域知识创新和合作趋势，常用的专利地图如图 4-4 所示。

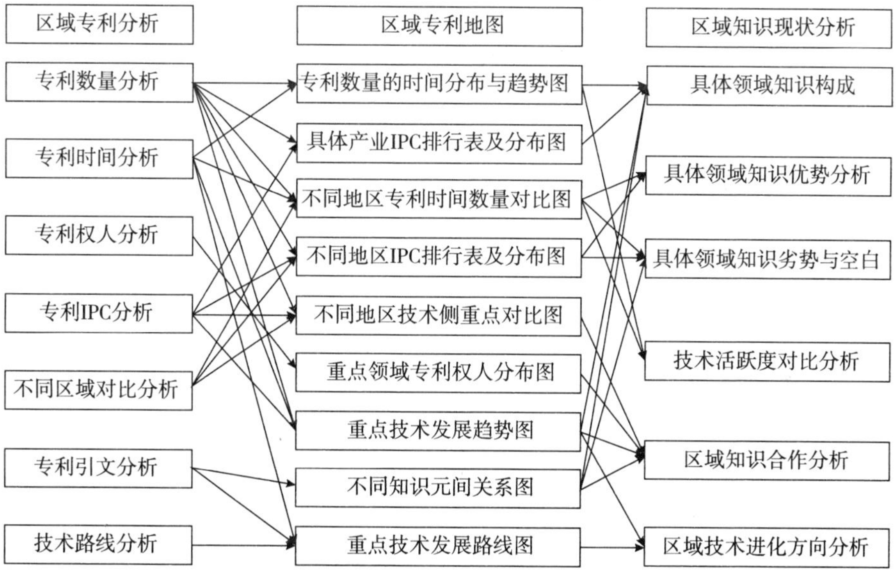

图 4-4 基于专利地图的具体领域区域知识现状分析法

图 4-4 中区域具体领域的知识构成分析主要指该领域核心的技术知识分布情况和知识间的关系网络，分别可以通过不同时间的 IPC 排行表及分布图与专利引文分析得出。区域知识优势分析是通过区域间的对比得出研究区域的核心技术优势在哪里。区域的知识劣势和空白分析一方面通过不同区域间的对比得出，另一方面通过知识元间的关系，判断在目前知识领域

的相关领域中存在的知识空白区。区域技术活跃度通常可以由这个区域在某技术领域的专利申请数量来衡量，针对重点知识领域，通过不同区域间该领域的专利申请数的对比可以分析出该区域核心技术活跃度如何。此外，有关技术发展路线和发展趋势的专利地图可基于区域核心技术进化方向明确核心研究方向，并在区域对比分析中和专利权人分析中，探讨知识劣势与空白的解决办法，明确区域内部和区域间的合作策略。

4.5.2 基于科学知识图谱的特定领域知识发展脉络分析法

科学知识图谱可在科学计量学基础上，以图像形式可视化展现知识的结构关系和演化进程。2003 年科学知识图谱概念被提出后，信息可视化引发的科学知识图谱绘制工具不断涌现，其中陈超美博士开发的 CiteSpace 是最为流行的绘制工具之一，也是本书重点采用的科学知识图谱分析软件。该软件不仅具备词频统计、引文共引、共词、聚类、突现词与突现引文检测等分析功能，而且能基于时间切片，揭示科学知识的结构关系和发展进程，探寻学科领域演化路径，绘制能够体现研究热点及其演变规律的图谱，并配合突现词分析，探索热点演变的缘由。下面我们介绍几种常用的科学知识图谱：

（1）共词共现图谱。关键词被普遍认为能够直接代表一篇文献的主题，高频关键词更可反映出该主题的研究热度，利用高频关键词形成的词汇云图可以识别和描绘出一个领域的研究热点分布状况。而共词分析通过挖掘词汇共现模式，能够挖掘出各研究主题间的关系。在共词分析中，认为当两个关键词同时或重复出现在一篇文章时，则说明这两个词具有较近的距离，结合聚类分析，可将多次共同出现的关键词表示为中心点，关联的众多词聚类为一个主题，从而构建具体领域中主题概念结构关系。共词共现图谱是通过共词共现分析，挖掘不同研究主题间的关系，形成共词网络，结合聚类分析识别知识领域的关键主题模式。

（2）共引网络图。引文和共引网络分析同样被广泛应用于研究文献之间的关系。当第三篇文献引用两篇文献时，这两篇文献被称为共同引用，两篇文献之间的共同引用关系是以引用这两篇文献的文章数量来衡量的。在 CiteSpace 中，通过共引网络的可视化，能够重构科学领域发展历史，分析科学知识领域的知识结构，发现奠基性文献或促使一个研究方向转向另一个研究方向的关键转折性文献。

（3）关键性节点分析。基于托马斯·库恩的科学变革理论，科学进步是一个反复革命的过程，关键性文献或研究主题概念会引导研究领域将一个范式推向新的高潮，或从一个范式转向另一个新的范式，为研究提供新的框架。这一过程在一个研究领域不断反复并最终形成该领域的知识结构。利用关键性文献或主题可以探寻研究领域发展和范式转变的缘由。CiteSpace 主要通过两个指标来测度关键性文献或研究主题：一是 Freeman 于 1979 年提出的中介中心性（Betweenness Centrality），它能够体现出一个节点在网络中的重要性，这类节点是潜在范式转变的关键点，可用以分析研究范式的转移和新的研究前沿的出现。二是根据 Kleinberg 于 2002 年设计的突现检测算法（Burst Detection Algorithm）测度文献节点的突现度，这类节点是引发研究兴趣骤然兴起和新兴研究前沿的关键点。比高频次关键词更适于探测学科发展的新兴趋势和突然变化，是识别新兴前沿和范式转变的关键指标。

（4）时间域视图。在 CiteSpace 中通过时间切片和合成，提供了时间域视图，可以展示关键词或关键文献随着时间发展演进的过程，用以分析具体知识领域研究热点随时间的变迁过程，判断未来发展动向。

5

区域知识战略定位方法的应用

第 4 章已从理论层面提出了区域知识结构和知识能力的测度方法和特定知识领域发展现状与趋势判断的分析方法。区域知识战略定位是分层次实现的，首先从区域整体层面，通过区域知识结构和知识能力的测度和评估，判断优势产业或知识领域，明确整体知识战略类型的选择和定位；其次针对具体知识领域展开研究，明确不同知识领域的具体知识策略。因此，本章将从三个层次对区域知识战略定位方法进行应用。首先，针对我国 33 个省份（澳门地区除外）和京津冀地区的知识结构和知识能力进行分析；其次，选择汽车产业作为代表性产业，绘制专利地图，分析我国汽车产业目前发展现状和趋势；最后，针对数字取证技术，采用 CiteSpace 绘制科学知识图谱，分析数字取证技术的研究热点和趋势。

5.1　我国各省份的知识结构分析

基于专利的区域知识结构测度方法，本章首先利用中国专利数据库对 Schmoch（2008）的 IPC-产业技术对照表进行修正。由于 ISI-OST-INPI 技术分类标准已经较好地考虑了各类产业技术与IPC的对应关系，研究根据产业技术类别描述，提取到部分关键词，检索到与各技术类别完全匹配的部分专利，利用智慧芽（Patsnap）专利分析软件绘制出这些专利的词汇云图，挖掘出与各技术类别密切相关的技术术语，构建检索词表和检索策略。其次用智慧芽专利系统采集中国专利数据库中各技术类别下的发明申请类专利，通过IPC统计，计算出各技术类别下IPC子类及其权重。因为使用概率，所以不必将IPC子类分得过细，本书采用IPC大类来统计和匹配。以电机、仪器与能源为例，匹配结果如表5-1所示。

表5-1　IPC-产业技术对照表生成范例

技术类别	技术类别描述	检索词	排除检索词	IPC对应结果
电机、仪器、能源	主要涵盖电气工程的非电子部分；电力，电机的生成，转换和分配电阻器，磁体，电容器，灯或电缆等基本电气元件；传统电气工程	发电、电机、变电、电阻器、电磁体、电容器、灯、电缆、放电、电位器、变阻器、电阻、电池、电压、高压、电路	电子、车、控制	F21 0.93 H02 0.84 H05 0.51 H01 0.48 G05 0.37 G01 0.23

根据生成的IPC-产业技术对照表，继续利用智慧芽专利数据库采集我国33个省份（澳门地区除外）2012~2016年的发明申请类专利数据。这里之所以采用发明申请类专利数据是因为发明专利中技术知识含量较高，而授权的发明专利受到审核时间的影响，不能反映出最新的技术知识产出情况。正因如此，发明申请类专利一直是专利分析中采用最为广泛的类型。对每个省份的35个产业技术类别的专利进行统计后，分别做了自然对数处理和百分占比处理。绘制出我国33个省份的知识结构图分别如图5-1和图5-2所示。

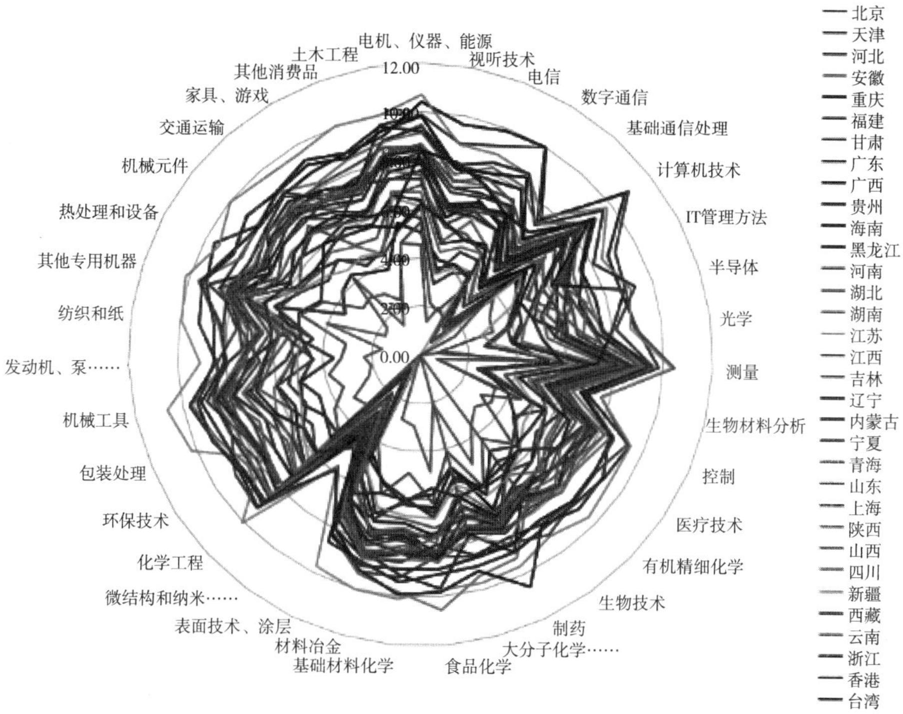

图 5-1 我国 33 个省份量能知识结构

从图 5-1 可以看出，基于自然对数处理后的数据雷达图能够较好地反映出各个区域的量能知识结构图，即使西藏的专利产出量很少，也能够清晰地看到其知识结构轮廓，其中食品化学、制药、土木工程和电机、仪器与能源方面相对量能较高。由于 33 个区域的叠加，使不少区域的结构图难以区分，但在具体区域分析中，可以仅绘制一个或少数几个区域的知识结构图进行重点分析。图 5-2 经过百分占比处理后能够较好地显示出势能较高的几个区域及其知识领域。譬如江苏在纺织和纸、表面技术与涂层、其他消费品、包装处理、机械工具、机械元件、化学工程、电机、仪器与能源等方面均具有绝对优势，专利占比超过 20%；广东在视听技术、电信、数字通信、计算机技术、热处理和设备等方面具有绝对优势；北京在计算

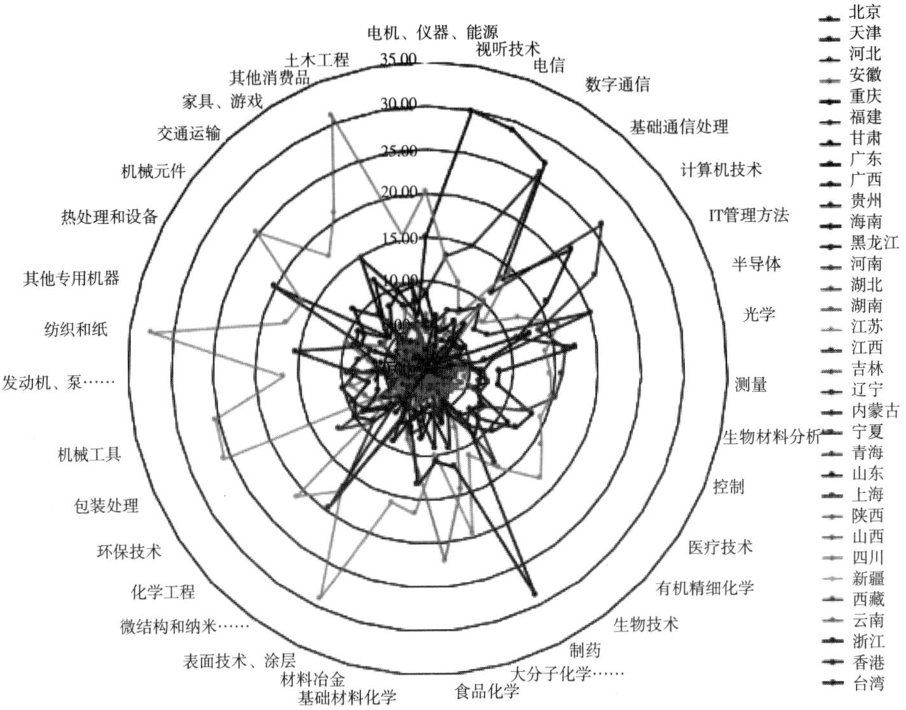

图 5-2　我国 33 个省份势能知识结构

机技术、数字通信、IT 管理方法等方面具有绝对优势；上海在微结构和纳米技术、半导体方面具有绝对优势；山东在制药方面具有绝对优势；安徽在食品化学方面具有绝对优势。通过具体区域的针对性分析能够较容易识别每个区域相对优势的产业技术领域，譬如台湾在半导体、基础通信处理、光学、视听技术、微结构与纳米技术等方面具有较强的相对优势。

5.2　京津冀知识结构特征分析

京津冀协同发展是中华人民共和国成立至今备受关注的话题之一，但相对于长江三角洲和珠江三角洲而言，京津冀区域内部的协调发展阻力更多，长期以来收效甚微。2014 年，随着中央将其列为国家重大发展战略之一，以及 2015 年《京津冀协同发展规划纲要》的正式印发，京津冀在交通运输、产业转移、卫生环保、海关税务、教育科技等各领域不断推动一体化进程，实质性的合作逐渐展开。同时，有关京津冀协同发展的研究开始活跃起来，研究内容主要集中在京津冀协同发展政策制度的顶层设计、具体合作的关键领域和协同发展的实现路径三个方面。但在关键领域和发展路径选择，特别是产业合作方式的选择上，仍存在各种分歧。目前，针对京津冀产业合作方面的研究主要是从产业多样化、产业关联度和产业链等角度展开的，本书将从知识的角度，基于区位熵的区域知识结构测度方法，探讨京津冀区域知识结构特征，分析产业合作和协同发展的路径选择。

具体分析中将区域知识划分为技术型知识和非技术型知识，技术型知识采用专利数据，基于 Schmoch 的 IPC 与工业技术类别对照表，计算出不同工业技术类别下的专利数，作为区域技术型知识存量的测度数据。非技术型知识通过不同产业就业人数进行测度。两组数据均采用 4. 3 节的区位熵法进行处理。

以往众多研究表明，京津冀三地经济发展差距显著，河北尚落后于北京和天津两地，若把河北的 11 个地级市与北京和天津作对比，差距将更为悬殊，且不适宜。因此，本书首先把京津冀作为一个研究整体，分析区域内部北京、天津和河北之间的技术型知识结构和非技术型知识结构的异同；其次将河北作为一个研究整体，分析内部 11 个地级市之间的技术型知识结构和非技术型知识结构的异同，为探讨京津冀区域内的合作发展路径提供依据。

5. 2. 1 京津冀技术型知识结构分析

本章根据 IPC–产业技术类别对照表，采集了京津冀和河北省 11 个地级市35个工业技术类别下拥有的2008年1月1日至2017年12月31日10年间的专利申请数。其中，北京市共计936457件专利，天津市共计342566件专利，河北省共计202209件专利。从总量可以看出，三个地区在技术型知识存量上差距悬殊，在35个工业技术类别中，北京除了纺织和纸、机械工具两方面略逊于天津外，其他各类技术型知识总量均具有绝对性优势。计算得出各类技术型知识的区位熵值，绘制区域知识结构雷达图如图5-3所示。

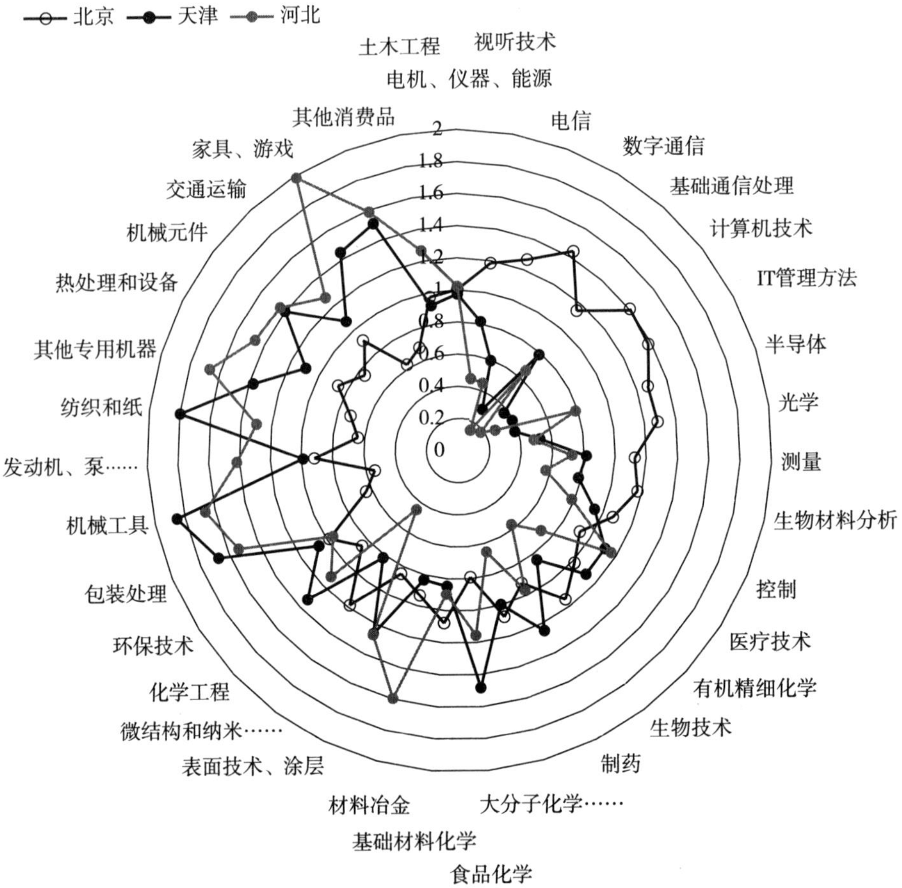

图5-3 京津冀技术型知识结构对比

图5-3利用区位熵，使北京、天津和河北从自身的角度评价各类技术型知识存量的优劣势，即在该地区的重要程度，侧面反映出区域的知识结构构成。从图5-3的知识结构可以看出，天津和河北的技术型知识结构极其相似，同构性较为严重。北京与两者存在明显差异，特别是图的右上部门呈现出较为独特的优势类型，体现在视听技术、电信、数字通信、基础通信处理、计算机技术、IT管理方法、半导体、光学、测量等方面知识存量及熵值远远超出天津和河北。整体而言，北京的各类技术型知识基础相对均衡，但天津和河北存在一定的分化，强弱不均。

根据熵值大小，北京专业化度较高的技术领域包括数字通信，计算机技术，IT管理方法，光学，半导体和电信；较为薄弱的技术领域为机械工具，家具、游戏，包装处理，纺织和纸，其他消费品和其他专用机器。天津专业化度较高的技术领域包括机械工具，纺织和纸，包装处理，其他消费品，食品化学，家具、游戏，机械元件，其他专用机器，化学工程，表面技术、涂层和制药；较为薄弱的技术领域是数字通信，计算机技术，半导体，IT管理方法，光学和电信。河北专业化度较高的技术领域包括家具、游戏，其他专用机器，机械工具，材料冶金，其他消费品，包装处理，热处理和设备，机械元件，发动机、泵、涡轮机，纺织和纸，交通运输，表面技术、涂层和土木工程；较为薄弱的技术领域为数字通信，计算机技术，IT管理方法，电信，微结构和纳米技术，视听技术，光学，生物材料分析，生物技术，大分子化学、聚合物，基础通信处理，测量和有机精细化学等。

针对河北省11个地级市进一步展开分析，发现石家庄、保定和唐山在技术型知识的总存量上居前三位，经济实力亦相对较强。为了观测各技术类别下专业度较高、知识优势明显的地区，研究整理出35个工业技术类别下区位熵值排名前三的地级市，如表5-2所示。

表 5-2　河北省各技术领域区位熵排名前三的地级市及其熵值

工业技术名称	1		2		3	
电机、仪器、能源	保定	1.89	沧州	1.06	邢台	1.02
视听技术	秦皇岛	1.40	廊坊	1.27	石家庄	1.05
电信	石家庄	2.14	衡水	0.84	秦皇岛	0.79
数字通信	石家庄	2.24	张家口	0.90	秦皇岛	0.84
基础通信处理	石家庄	2.61	廊坊	1.01	保定	0.65
计算机技术	石家庄	1.35	秦皇岛	1.33	张家口	1.26
IT 管理方法	廊坊	1.38	保定	1.30	张家口	1.21
半导体	保定	2.65	廊坊	1.67	秦皇岛	1.19
光学	沧州	2.31	石家庄	1.53	保定	1.04
测量	保定	1.33	石家庄	1.22	承德	1.14
生物材料分析	石家庄	1.74	廊坊	1.40	张家口	1.06
控制	张家口	1.28	唐山	1.20	邢台	1.11
医疗技术	张家口	1.59	石家庄	1.30	沧州	1.13
有机精细化学	石家庄	2.28	沧州	1.84	衡水	0.84
生物技术	廊坊	2.21	石家庄	1.60	保定	1.31
制药	石家庄	1.94	承德	1.33	邯郸	1.10
大分子化学、聚合物	衡水	2.81	石家庄	1.14	沧州	1.12
食品化学	承德	2.14	张家口	1.66	邯郸	1.33
基础材料化学	廊坊	1.59	石家庄	1.24	保定	1.08
材料冶金	承德	3.49	秦皇岛	1.94	唐山	1.66
表面技术、涂层	保定	1.49	秦皇岛	1.43	衡水	1.40
微结构和纳米技术	秦皇岛	3.17	唐山	2.58	承德	1.30
化学工程	唐山	1.36	邯郸	1.24	张家口	1.16
环保技术	廊坊	1.27	石家庄	1.15	沧州	1.15
包装处理	张家口	1.26	唐山	1.23	秦皇岛	1.22

续表

工业技术名称	1		2		3	
机械工具	秦皇岛	1.53	邢台	1.36	沧州	1.35
发动机、泵、涡轮机	保定	1.95	张家口	1.01	邢台	0.98
纺织和纸	衡水	1.30	石家庄	1.27	沧州	1.24
其他专用机器	衡水	1.40	邢台	1.18	张家口	1.14
热处理和设备	邯郸	1.33	沧州	1.26	廊坊	1.14
机械元件	衡水	1.57	沧州	1.38	张家口	1.18
交通运输	保定	1.80	邢台	1.66	唐山	0.98
家具、游戏	秦皇岛	1.67	邢台	1.43	承德	1.21
其他消费品	张家口	1.43	邢台	1.31	承德	1.20
土木工程	衡水	2.27	廊坊	1.26	张家口	1.25

从表5-2可以看出，石家庄和廊坊虽然在多个领域的区位熵值较高，但其知识结构与北京极为相似。其他城市专业化度较高的技术领域存在明显的差异。其中，承德的材料冶金；衡水的土木工程，机械元件，其他专用机器，纺织和纸；保定的发动机、泵、涡轮机，交通运输，表面技术、涂层；秦皇岛的家具、游戏，机械工具；张家口的其他消费品，包装处理；邯郸的热处理和设备等方面较为突出，在本市表现出较高的知识势能。

5.2.2　京津冀非技术型知识结构分析

基于2016年《中国城市统计年鉴》，本章采集京津冀和河北11个地级市19个行业的全市就业人口数。从总量分析，发现河北省11个地级市人口为7650.83万人，远远超过北京1345.2万人，天津略少于北京人口数，为1026.9万人。但19个行业统计的就业人口中北京为777.34万人，天津294.78万人，河北638.66万人。三地19个行业就业人口占总人口比重分别为北京 55.79%、天津 28.71%、河北 8.35%。从中也可看出经济差距之大。计算不同地区各产业非技术型知识的区位熵值，绘制出区域非技术型知识结构雷达图如图 5-4 所示。

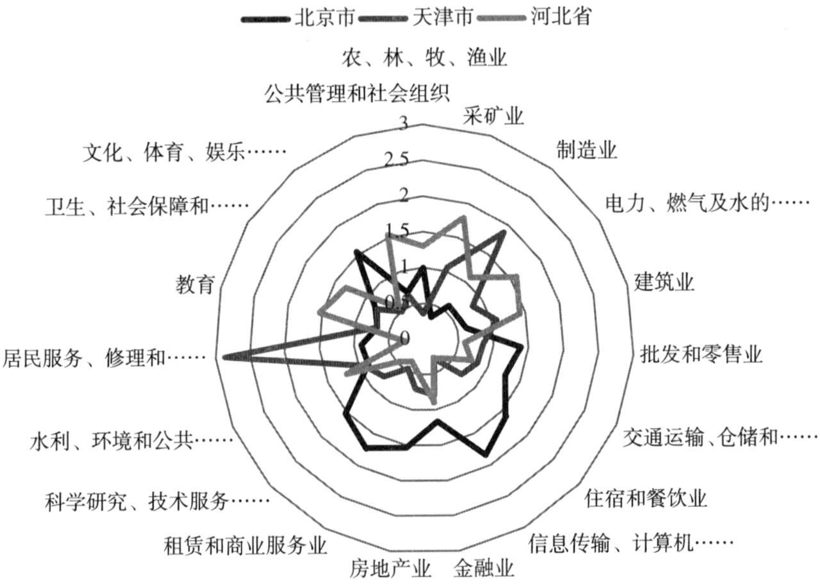

图 5-4　京津冀非技术型知识结构对比

从图 5-4 可以看出，京津冀形成的非技术型知识结构存在较大差异。北京非技术型知识熵值较高的产业是信息传输、计算机服务和软件业，租赁和商业服务业，住宿和餐饮业，文化、体育、娱乐业，房地产业，科学研究、技术服务和地质勘查业，批发和零售业，交通运输、仓储和邮政业等。天津非技术型知识熵值较高的产业是居民服务、修理、其他服务业和制造业。河北非技术型知识熵值较高的产业是采矿业，农、林、牧、渔业，建筑业，电力、燃气及水的生产和供应业，公共管理和社会组织，教育，卫生、社会保障和社会福利业。其中，电力、燃气及水的生产和供应业，公共管理和社会组织，教育，卫生、社会保障和社会福利业等产业就业人口与总人口基数密切相关，之所以河北在这几个领域非技术型知识存量大，可能是由于河北人口基数大。

针对河北省 11 个地级市进一步展开分析，整理出河北省 19 个产业区位熵值排名前三的地级市，如表 5-3 所示。

表 5-3 河北省各产业非技术型知识区位熵排名前三的地级市

产　业	1		2		3	
农、林、牧、渔业	唐山	3.37	张家口	1.81	沧州	1.78
采矿业	唐山	3.22	邯郸	2.11	邢台	1.44
制造业	廊坊	1.46	唐山	1.19	石家庄	1.09
电力、燃气及水的生产和供应业	邢台	1.40	张家口	1.32	秦皇岛	1.26
建筑业	保定	2.20	邯郸	1.25	衡水	1.04
批发和零售业	衡水	1.55	石家庄	1.41	唐山	1.15
交通运输、仓储和邮政业	秦皇岛	2.12	石家庄	1.66	唐山	1.26
住宿和餐饮业	承德	2.13	张家口	1.78	秦皇岛	1.47
信息传输、计算机服务和软件业	廊坊	2.36	石家庄	1.53	秦皇岛	1.33
金融业	承德	1.79	秦皇岛	1.19	衡水	1.17
房地产业	廊坊	1.99	张家口	1.55	秦皇岛	1.45
租赁和商业服务业	沧州	2.66	石家庄	1.56	廊坊	1.06
科学研究、技术服务和地质勘查业	保定	1.94	石家庄	1.68	廊坊	1.18
水利、环境和公共设施管理业	张家口	1.70	承德	1.30	秦皇岛	1.20
居民服务、修理和其他服务业	承德	5.18	张家口	3.29	石家庄	0.98
教育	衡水	1.38	沧州	1.22	邢台	1.21
卫生、社会保障和社会福利业	承德	1.29	张家口	1.19	衡水	1.17
文化、体育、娱乐业	石家庄	1.87	秦皇岛	1.85	承德	1.44
公共管理和社会组织	张家口	1.49	邢台	1.30	承德	1.30

从表5-3可以看出，河北省11个地级市展现出的非技术型知识优势也存在差异性。石家庄体现在文化、体育、娱乐业，交通运输、仓储和邮政业，科学研究、技术服务、地质勘查业，信息传输、计算机服务和软件业；唐山体现在农林牧渔业和采矿业；保定体现在建筑业，科学研究、技术服务和地质勘查业；廊坊体现在制造业，房地产业，信息传输、计算机服务和软件业；张家口体现在水利、环境、公共设施管理业，公共管理和社会组织，居民服务、修理、其他服务业，住宿和餐饮业，房地产业和农林牧渔业；承德体现在住宿和餐饮业，金融业，居民服务、修理和其他服务业，卫生、社会保障和社会福利业，文化、体育、娱乐业；沧州体现在租赁和商业服务业，农林牧渔业；秦皇岛体现在交通运输、仓储和邮政业、文化、体育、娱乐业，房地产业，住宿和餐饮业；邢台体现在电力、燃气及水的生产和供应业，采矿业；衡水体现在批发和零售业，教育业；邯郸体现在采矿业。由此可见，河北省一些区域具有相似的非技术型知识优势，但多数区域间存在不同的知识结构特征，在未来发展中可在共性合作的基础上走出差异化的发展道路，促使区域间形成共性与互补性相结合的知识与产业合作网络。

5.2.3 基于知识视角的京津冀协同发展路径建议

京津冀协同发展期望基于合作共赢理念，统一发展目标，协同配置各要素资源，在优劣势互补基础上，优化产业布局，实现多方面一体化发展的新格局。在这一思想的指导下，京津冀既不能脱离资源禀赋差异，形成知识结构同质化，加剧竞争，也不能知识结构分化过于严重而缺乏交流合作的基础。合理地在区域间展开以产业为基础的知识合作，有利于协同发展的进一步推进。

5.2.3.1 构建京津冀技术交易、共享和交流平台

京津冀技术交易、共享和交流平台，有益于增强北京的知识辐射效应

和京津冀间知识合作效应。北京是大量优秀人才聚集地，研发能力强，技术型知识存量远远超过河北和天津，且在各类知识类型中分布均衡。而天津和河北的技术型知识结构较为相似，不同技术领域强弱分化明显。据此可将技术型知识分为两类：第一类是北京较强、天津和河北较弱的技术型知识，主要是数字通信、计算机技术、IT管理方法、光学、半导体、电信、视听技术、基础通信处理、测量、生物材料分析等方面。针对这类领域，应发挥北京研发优势，加快推动技术知识在不同区域产业中的应用，强化北京的辐射效应。第二类是天津和河北均较强的技术知识类型，主要包括机械工具，纺织和纸，包装处理，其他消费品，家具、游戏，机械元件，其他专用机器，表面技术、涂层，材料冶金，食品化学等，这些领域应在三地间形成知识交流与技术合作网络。

为推动京津冀技术知识共享合作，需要首先建立公共的技术交易共享平台，促进技术在高校、机构和企业间的流动，加强技术知识在京津冀地区的应用能力，提升创新价值。其次，可以在京津冀共性技术层面构建不同行业内的共性技术交流平台，有效提升技术型知识的扩散速度，增强专利产出和应用动力。在我国，已有不少企业针对共同面临的技术性问题形成联盟和研究机构，通过这样的技术合作平台，基于合理的专利共享使用方案，推动多家企业共同研究具体技术领域难题，从而大大提升创新能力，加快产业技术升级。最后，在区域层面组建京津冀知识交流合作中心，针对京津冀企业合作需求提供服务，构建京津冀企业和机构名录，帮助企业寻找合作组织，促进京津冀企业间知识活动的开展。

5.2.3.2 错位发展优势产业，在京津冀内打通产业间的衔接，形成产业链群

从非技术型知识结构图可以看出，京津冀三地重点产业是存在差异的，且产业间存在较大关联性。北京优势产业体现在信息传输、计算机服务、软件业、科学研究、技术服务等高新技术业和租赁、商业服务、住宿、餐

饮、娱乐等方面的服务业。天津优势体现在制造业和其他服务业。河北优势体现在采矿业、农林牧渔业、建筑业以及稍逊于天津的制造业。三地间的优势产业可互补合作，天津和河北依托北京提供的信息产业服务和科技资源优势，为各产业构建好管理运作和信息应用平台，引进先进技术。天津的先进制造业和在此基础上发展的航运、物流等服务为河北的优势产业发展提供支持，并推动北京产业发展。河北的优势产业又服务于北京和天津。若能在京津冀内将产业打通，实现区域内优势产业错位发展的战略布局，能够更有效地推动京津冀间的合作。

5.2.3.3 以点带线、以线带面地推动知识的传播与应用

针对河北省 11 个地级市形成的表 5-2 和表 5-3 中的数据，可以发现河北不同地级市均形成了自己相对优势产业和技术领域。基于这些产业和技术领域的相似度，可以形成产业的区域发展轴，即通过城市间点与点的对接形成产业发展线，再以产业与产业之间的联系，以线带动整个区域面的发展。譬如根据表 5-2 和表 5-3 的数据，可以形成“秦皇岛—承德—天津—邢台”的家具游戏产业发展线，“天津—沧州—衡水”的机械元件发展线，“秦皇岛—天津—沧州—邢台”的机械工具发展线，“唐山—张家口—沧州”的现代农业发展线，“唐山—邢台—邯郸”的采矿业发展线，“天津—廊坊”的制造业发展线，“天津—保定—邯郸”的建筑业发展线，“北京—石家庄—天津—唐山—秦皇岛”的交通运输、仓储和邮政业发展线，“秦皇岛—北京—廊坊—石家庄”的信息传输、计算机服务和软件业发展线，“秦皇岛—承德—北京—天津—衡水”的金融业发展线等。在这些产业发展线间亦存在相互关联，譬如金融业、信息软件业、制造业与众多其他产业关联，区域政策应促进这些产业线的形成和产业间的交互，从而在京津冀形成大面积的知识传播与合作网络。

5.2.3.4 以人才流动带动知识流动，以知识流动促进协同发展

在非技术型知识研究中发现，尽管河北省人口约为北京市的 6 倍，但在

基于人口的非技术型知识存量方面，北京依然超过河北，客观反映出人力资本间的巨大差距。在很多情况下，特殊性知识型人才所拥有的知识是促进一个地区经济发展的关键，而以人才为基础的知识流动可引领区域经济带的发展。若能够以团队形式形成人才的流动，对相对落后的河北产业发展和京津冀整合发展无疑具有巨大的促进作用。然而，目前的户籍制度阻碍了人才在京津冀间的流动，特别是难以离开北京。合理破解户籍制度障碍，真正实现京津冀一体化，切实实现人才的自由流动，是以知识流动带动产业整合协同发展的重要路径之一。

5.3　我国各省份的知识能力分析

基于4.4节区域知识能力测度方法，本书采集数据，对我国31个省份（港澳台地区除外）的区域知识能力进行评估。在知识基础层面的测度中，将2006~2016年区域专利平均增速作为 g_i 的取值，借鉴 Lach（1995）将0.15作为衰减权重 δ 的取值，三类专利权重 w_1、w_2、w_3 分别设为0.5、0.3和0.2，估算区域的知识存量。根据对数处理后的相对值，取最满意值 Z_h 为5.5，最低值 Z_b 为2，平移值 KSI_{LOW} 为0.05。

在投入能力层面的测度中，采用2016年《中国统计年鉴》中人均地区生产总值作为 $PCG_{i(t-1)}$ 的取值，最低值 PCG_b 为1万元，满意值 PCG_h 为20万元，平移量 EII_{LOW} 为0.4。利用2016年《中国统计年鉴》中地区人口总数与建设用地面积的比值计算出人口密度，作为 $PD_{i(t-1)}$ 的取值，单位为人/公顷。通过对数处理后，LPD_b 取值为1，LPD_h 取值为2，平移量 PII_{LOW} 和 KII_{LOW} 均为0.1。

在创新潜能测度中，利用智慧芽专利系统采集31个省份2015年和2016

年专利产出数加权计算出 PG_{it}，采集各省份 2012～2016 年专利被引数量计算 PI_{it}。测度中 α_1 的取值为 0.3，α_2 取值为 0.7，IPI_{LOW}取值为 0。人力潜能测度中采用 2016 年《中国统计年鉴》中本科生和研究生总数与区域总人口的比值作为本科及以上学历人员占总人口比重 $POB_{i(t-1)}$的值，利用功效系数法对其进行处理时，POB_b 为 0，POB_h 为 0.3。利用各地区本科一批高校数量和普通高校数量的加权和作为 NOU 的值，其中本科一批高校数量和普通高校数量的权重分别为 0.7 和 0.3，利用功效系数法对其进行处理时，NOU_b 为 0，NOU_h 为 60。β_1 的取值为 0.5，β_2 取值为 0.5，PPI_{LOW}的取值为 0.1。外联潜能测度中，利用智慧芽专利系统采集 2016 年各区域专利权人数大于 2 的专利数作为 $NCP_{i(t-1)}$的取值，2016 年《中国统计年鉴》中各区域技术市场成交额作为 $TBP_{i(t-1)}$的取值。处理中 λ_1 设为 0.5，λ_2 设为 0.5，EPI_{LOW}设为 0。

区域知识能力综合指数测度中，A_{it}取值为 1.25，四个 θ 的取值均为 0.25。最终计算得出 31 个省份的基础指数 KSI、投入指数 KII、创新潜能指数 IPI、人力潜能指数 PPI、外联潜能指数 EPI 和知识能力综合指数 KCI 分别如表 5-4 所示。

表 5-4　我国 31 个省份知识能力测度结果

省份	KSI	KII	IPI	PPI	EPI	KCI
北京	0.8503	0.9022	0.8426	0.9256	0.9129	0.9515
天津	0.7296	0.7177	0.7143	0.4780	0.7614	0.5994
河北	0.6799	0.4527	0.7320	0.4771	0.6739	0.4855
山西	0.5556	0.4467	0.6512	0.4011	0.6692	0.3671
内蒙古	0.4793	0.3091	0.5754	0.3695	0.6217	0.2693
辽宁	0.6994	0.4673	0.7218	0.6011	0.7329	0.5427
吉林	0.5646	0.4096	0.6594	0.3795	0.6155	0.3537

续表

省份	KSI	KII	IPI	PPI	EPI	KCI
黑龙江	0. 6236	0. 3615	0. 6418	0. 4459	0. 6894	0. 4028
上海	0. 7953	0. 9898	0. 8030	0. 6079	0. 8079	0. 7857
江苏	0. 9432	0. 6233	0. 9041	0. 6992	0. 8177	0. 8883
浙江	0. 9153	0. 6561	0. 8951	0. 5479	0. 7561	0. 8036
安徽	0. 8350	0. 4176	0. 8696	0. 5009	0. 7467	0. 6336
福建	0. 7661	0. 6433	0. 8163	0. 4494	0. 6946	0. 6094
江西	0. 6580	0. 4541	0. 7216	0. 4423	0. 6737	0. 4597
山东	0. 8471	0. 5405	0. 7987	0. 5786	0. 7870	0. 7051
河南	0. 7463	0. 4674	0. 7776	0. 4967	0. 7004	0. 5563
湖北	0. 7478	0. 4916	0. 7658	0. 5924	0. 7790	0. 6035
湖南	0. 7051	0. 5132	0. 7516	0. 5054	0. 7068	0. 5370
广东	0. 9537	0. 6856	0. 9675	0. 5600	0. 8487	0. 8933
广西	0. 7175	0. 4703	0. 7579	0. 3516	0. 6109	0. 4718
海南	0. 3485	0. 3964	0. 4786	0. 2230	0. 4980	0. 1659
重庆	0. 6932	0. 5734	0. 6237	0. 3731	0. 6723	0. 4742
四川	0. 7892	0. 5093	0. 8047	0. 4924	0. 7447	0. 6142
贵州	0. 5884	0. 5109	0. 6703	0. 3270	0. 6257	0. 3784
云南	0. 5861	0. 4735	0. 6732	0. 3618	0. 6535	0. 3839
西藏	0. 1198	0. 3317	0. 2942	0. 1726	0. 1623	0. 0342
陕西	0. 6964	0. 5217	0. 7194	0. 5276	0. 7418	0. 5389
甘肃	0. 5277	0. 3730	0. 6134	0. 3397	0. 6666	0. 3147
青海	0. 3271	0. 2880	0. 4400	0. 2113	0. 5999	0. 1455
宁夏	0. 4209	0. 3475	0. 5671	0. 2678	0. 5119	0. 2133
新疆	0. 5033	0. 2530	0. 5768	0. 3225	0. 5764	0. 2553

表 5-4 中的测度结果具有一定的相对性。但从各指数可以看出各区域相对薄弱的环节，从而发现提升区域知识能力的有效途径。从我国 31 个省份的基本情况看，北京人力潜能指数、外联潜能指数和知识能力综合指数最高，广东、江苏、浙江具有较高的基础能力，上海具有最高投入能力，广东具有最高的创新潜能。多数地区人力潜能还比较低，主要是本科以上人口所占比例较低。针对教育，特别是高等教育的投资是大部分区域提升知识能力的关键。另外，我国各区域的外联潜能也普遍较低，尽管相对指数超越 0.5 的较多，但实际上整体的研究合作和技术交易还不够活跃，而西藏与外界的知识交流几乎还处于闭塞状态。基于综合指数，可以把我国 31 个省份的创新能力分为三个层次：第一层次为分值处于 0.7 以上的区域，这一层次的区域已基本形成了良性的知识活动支撑体系，只需改进个别薄弱环节，以更好地完善区域知识环境，提升知识能力水平。第二层次分值处于 0.35~0.7，这一层次的区域有了一定的知识活动支撑体系，但各环节均存在较大提升空间。第三层次分值处于 0~0.35，这些区域的知识活动尚不活跃，尚未形成较好的知识活动支撑体系。

5.4 专利地图在汽车产业分析中的应用

专利密集型产业是影响国家经济发展、关系国家未来综合竞争实力的核心支柱型产业。汽车产业是专利密集型产业的典型代表，汤森路透基于全球专利创新数据分析显示，汽车产业的专利申请数量在十二大技术领域中排名第三，仅次于计算机及外围设备领域和电信领域，且近年增速最快。未来汽车将以技术为中心实现机械主导模式向软件主导模式的转变，成为技术含量最高的消费品。中国汽车作为世界汽车产业的重要组成部分，在过去的20年中通过与外资企业合作和自主品牌创新，得到了飞速发展，经历过从小到大的转变，正逐步实现由弱到强的巨大跨越。目前，中国汽车市场不仅发展快，消费也快，市场年均增长率高达7%左右，且随着我国城镇居民人均可支配收入的不断增加、乡镇人口比例的逐渐上升，可以预计未来很长一段时间内我国汽车市场的需求依然强劲，这为我国自主品牌完成从“中国制造”到“中国创造”的转变提供了机遇。汽车研发专家赵福全指出，我国汽车产业有望在2020~2025年进入世界汽车工业第二阵营，2035年跨入汽车强国第一阵营的门槛，但这一目标的实现对提升我国汽车自主品牌企业的技术创新能力将有更高一层次的要求。我国汽车企业要提升自主创新能力，缩小与国外知名汽车企业间的差距，离不开专利的积累。随着我国知识产权制度的不断健全和企业知识产权意识的不断增强，专利亦成为一个行业最核心、最先进的技术创新成果，具有代表性、客观性、全面性和实用性。通过专利信息分析，可以很好地了解一个行业的创新现状和创新能力。研究以汽车产业为代表，采用4.5.1小节中介绍的专利地图法对其进行分析，试图回答我国汽车产业技术创新能力处于什么水平、专利布局是否合理、区域合作如何开展、未来技术创新战略如何定位、研究方向如何选择等问题。

由于专利申请日是申请人取得技术成果后开始寻求专利保护的日期，可以更客观地反映专利申请技术的发展规律，因此研究采用专利申请数据做分析。有关汽车产业总体状况的分析，采用2007~2016年的专利申请数据；在对技术研究现状的分析中，采用2007~2016年技术知识含量较高的发明申请类专利数据作为研究对象；而对研究热点与趋势的分析，采用2016年7月到2017年6月的最新发明专利数据。在我国专利数据库中以“汽车 or 机动车 or 客车 or 电动车” not “自行车 or 摩托车”为关键词对专利名称和摘要进行检索，去重后得到2007年1月1日至2016年12月31日相关专利 429207 条，其中发明申请专利 126899 条，占比 29.57%；实用新型专利 186330 条，占比 43.41%；外观设计型专利 115978 条，占比 27.02%。2016 年 7 月 1 日至 2017 年 6 月 30 日发明申请类专利 15568 条。

5.4.1 汽车产业技术创新现状分析

专利申请数量可以反映创新产出情况，是衡量具体研究对象技术创新能力的重要指标之一。从时间趋势来看，我国汽车产业专利产出总量一直呈上升态势，从 2007 年的 13711 件增长到 2016 年的 74505 件，基于各年增长率计算得到的年平均增长率高达 21.7%。其中以 2009~2012 年增速最为显著，年平均增长率为 35.9%。发明专利年产出量从 2007 年的 3983 件增长到 2016 年的 22539 件，年平均增长率为 21.8%，以 2010~2013 年增速最为显著，年平均增长率为 31.8%，并于 2012 年超越外观设计专利产出。可见，我国汽车产业已经经历过一段飞速成长期，技术创新能力有了明显的提升和较大的飞跃，但发明专利所占比例仍然偏低，在 30%左右。

为了分析我国汽车产业目前创新的主要关注内容，研究将能够浓缩和提炼专利文献主要研究内容的关键词作为研究对象，基于关键词和术语的词频分析和关系分析，识别和描述专利文献的研究热点分布情况。利用智慧芽专利分析软件，从专利标题和摘要中提取语义关键词，以圆形图形式体现关键词出现的频率和关键词间的关系，在圆形图中，关键词所占空间份额和字体越大，其出现频率越高，外层关键词是内层关键词的进一步分解。图 5-5 为 2007~2016 年我国汽车产业发明专利生成的圆形图。

从图 5-5 中可以看出，固定连接、电动汽车、控制模块、控制单元、汽车发动机是我国企业近年主要的研究对象。我国在汽车组装方面一直具有优势，专利产出较多；随着能源、交通、环境等一系列社会问题在我国

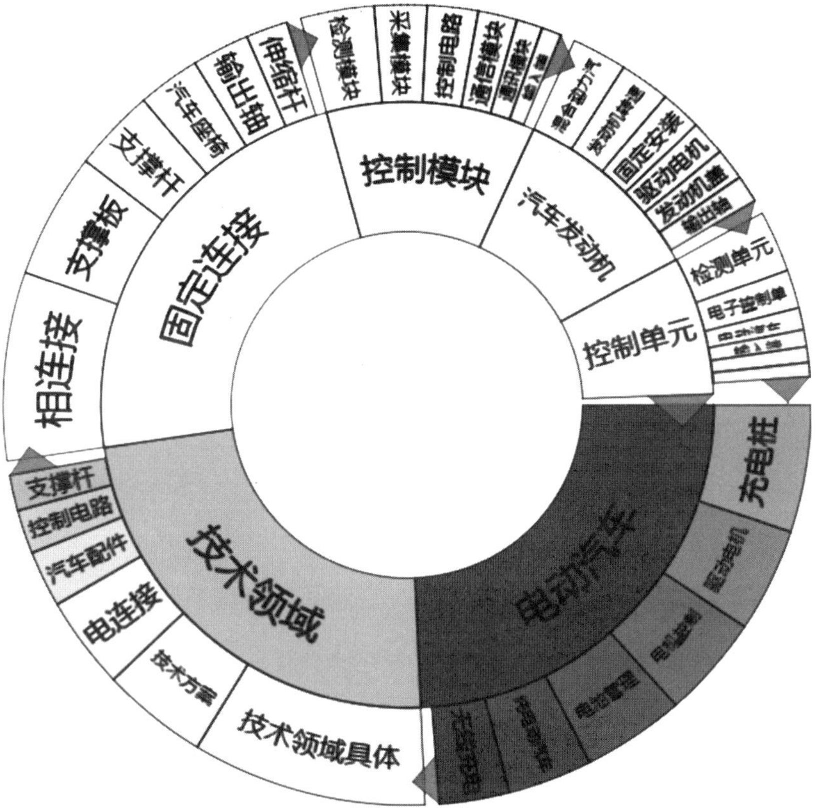

图 5-5　我国汽车产业发明专利构成

引起反省和重视，新能源汽车，特别是电动汽车已成为研究焦点，所占专利比例逐年递增。发动机尽管有所研究，但从关键词的分布来看核心技术方面的研究成果偏少。与国外企业相比，我国在混合动力汽车、燃料电池、电池单元、电动机等方面还处于劣势。

5.4.2　我国汽车产业区域分布与合作情况分析

专利统计数据不仅能作为衡量技术能力的技术指标，也可作为衡量经济发展水平的经济指标，区域专利数据往往与其产业发展状况相关联。为了从专利产出视角反映我国汽车产业区域分布情况，研究在 2007~2016 年专利数据基础上，进一步检索统计包括台湾、香港、澳门的 34 个省份相关专利数据量。在检索策略上，由于很多省份的街道可能以其他城市来命名，因此基于地址的检索存在一定偏差。智慧芽系统中提供了“申请人州/省”的字段名称，可以通过“AN_PROVINCE”命令搜索不同省份的专利数据。在对我国 34 个省份的汽车产业相关专利进行统计时，发现这些省份的总专利数占专利总数的 90.21%，国外和外资企业在我国申请的专利占比达 9.79%。由于地域差异，我国不同地区汽车产业专利产出存在较大的差距，这也从一定层面反映出我国不同地区的技术创新能力存在差异。

我国西北部地区专利产出相对较少。专利产出排名前十的省份分别为江苏、浙江、广东、安徽、上海、山东、北京、重庆、湖北和河北。除了江苏整车企业相对较弱，以大量汽车零配件和与汽车相关纺织品专利产出为主外，多数地区已经形成汽车整车方面的强势龙头企业，譬如：浙江吉利汽车；广东比亚迪和广汽；安徽奇瑞和江淮汽车；上海上汽、泛亚汽车和上海通用汽车；山东中国重汽；北京北汽和北汽福田；重庆长安汽车和力帆实业；湖北东风汽车；河北长城汽车。这些龙头企业对区域汽车产业创新能力的提升起到重要带动作用。

研究针对不同省份的专利标题和摘要，利用文本挖掘技术提取关键词和技术术语，并对其进行词频统计。将不同省份的关键词及词频排序整理，把每个关键词记入到词频最大的省份下，凸显出不同省份的优势技术领域。结合我国各省份的相对地理位置，形成图 5-6 所示的词汇云图。

从图 5-6 可以看出，尽管我国一些省份在汽车产业方面具有一些类似的技术关键词，但优势技术仍然存在差异。譬如：北京在电动汽车、动力电池方面专利数最多；福建在汽车玻璃、钣金等方面优势显著；山东在驱

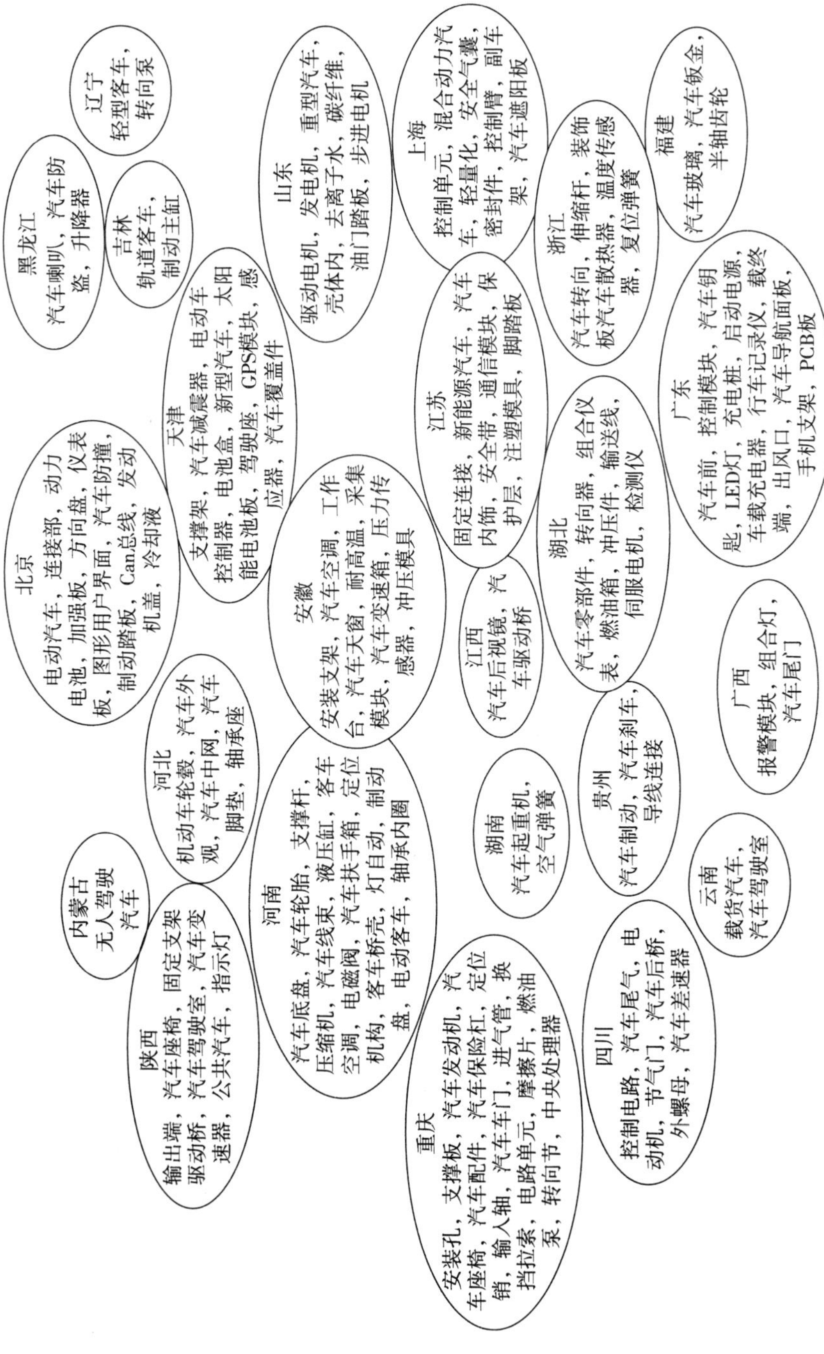

图5-6 我国汽车产业区域技术优势词汇云图

动电机、发电机、步进电机等方面具有优势；江苏在汽车连接件、汽车内饰等方面具有优势；广东在汽车控制模块、钥匙、LED 灯、充电桩、启动电源等方面具有优势；上海在控制单元、混合动力汽车、安全控制方面具有优势；湖北在汽车零部件方面具有优势；河南在汽车底盘、轮胎等方面具有优势；重庆在汽车发动机、座椅、安装、保险杠等方面具有优势；河北在轮毂、外观、脚垫等方面具有优势；黑龙江在汽车喇叭方面具有优势；贵州在汽车制动、刹车方面具有一定优势；内蒙古在无人驾驶汽车领域具有较多的专利优势。

基于上述分析发现，我国不同区域在汽车产业方面的技术优势是存在一定差异的，区域间的合作对整体产业技术水平的提升具有重要意义。为此，研究采集数据来进一步分析目前我国汽车产业区域合作现状。专利区域合作数据采集中，用地址会造成较大误差，研究最终采用专利权人来进行分析，首先挑选出专利权人数大于或等于 2 的专利，其次确定专利权人信息中包含两个不同的地址信息。分析发现，我国区域间的专利合作不显著，图 5-7 是基于对专利权人的区域分布情况检索统计出区域合作专利数，并利用 Ucinet 和 Netdraw 绘制的合作网络图。

图 5-7 中网络节点的大小反映该地区与其他地区合作专利总数，连线粗细反映两个地区间的合作专利数。基于聚类分析发现，我国汽车产业尚不存在区域间的合作集群。北京作为政治、文化、经济中心，专利合作范围最为广泛，数量最多，但关系纽带不强。浙江与湖南和上海之间合作最为紧密。北京、天津、江苏和湖南属于网络切割点（Cutpoints），一些西北部地区仅与它们中的一个建立关联。基于检索得出我国汽车产业区域合作专利数仅占总专利数的 4‰，尽管针对专利权人的检索会由于信息不全存在一定的漏检情况，但估计份额尚不足 1%。而专利权人数大于或等于 2 的专利数占总专利数比例不足 3%，说明企业之间的合作比例也较低。可见，我国汽车产业在企业间的合作和区际间合作均较为薄弱。

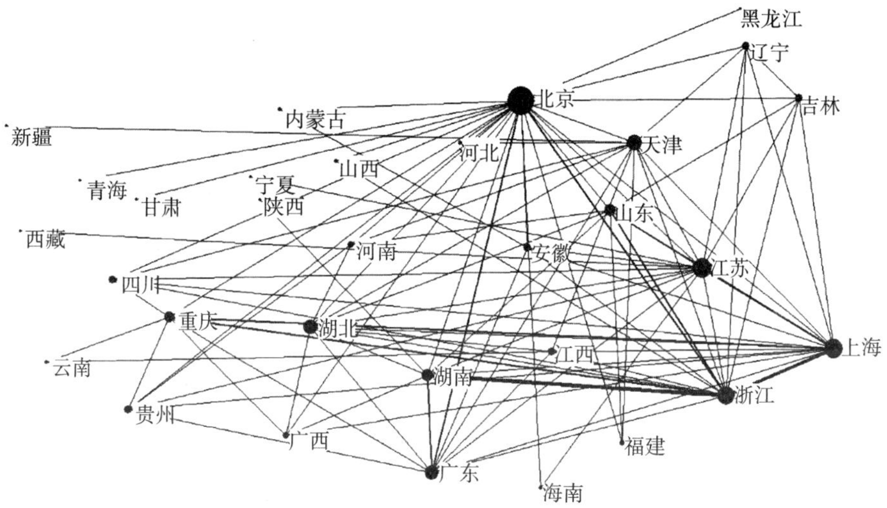

图 5-7 我国不同区域间专利合作情况

5.4.3 汽车产业研究热点趋势分析

智慧芽的 3D 专利聚类地图根据 IPC 分类号为每篇专利生成一个特征，通过聚类算法将用户选择的专利集合投射到地图网格（Grid）中。相似的专利会落在相同或相邻的网格内。通过自底向上的聚类方法将相近网格划分成一类，生成一个聚类（Cluster）。针对每个聚类，采用 Lingo 3G 文本聚集算法对文本进行标记和分类，结合语义标引技术（LSI）将分类结果放入不同的语义组合，再应用向量空间模型技术（VSM）计算出语义关键词的重要性和频率，把重要关键词以标签形式体现出来，反映每个聚类的核心概念。智慧芽的 3D 专利地图利用高峰代表技术聚焦领域，低谷代表技术盲点或有待开拓的领域，并可以通过语义组合的拆解分层分级对热点地带进行深入挖掘。图 5-8 为利用 2016 年 7 月 1 日至 2017 年 6 月 30 日发明申请专利绘制出的我国汽车产业专利聚类图。图中各主题块的专利聚集数量决定其地势的高低，聚类块间的距离表明主题间的相近程度。

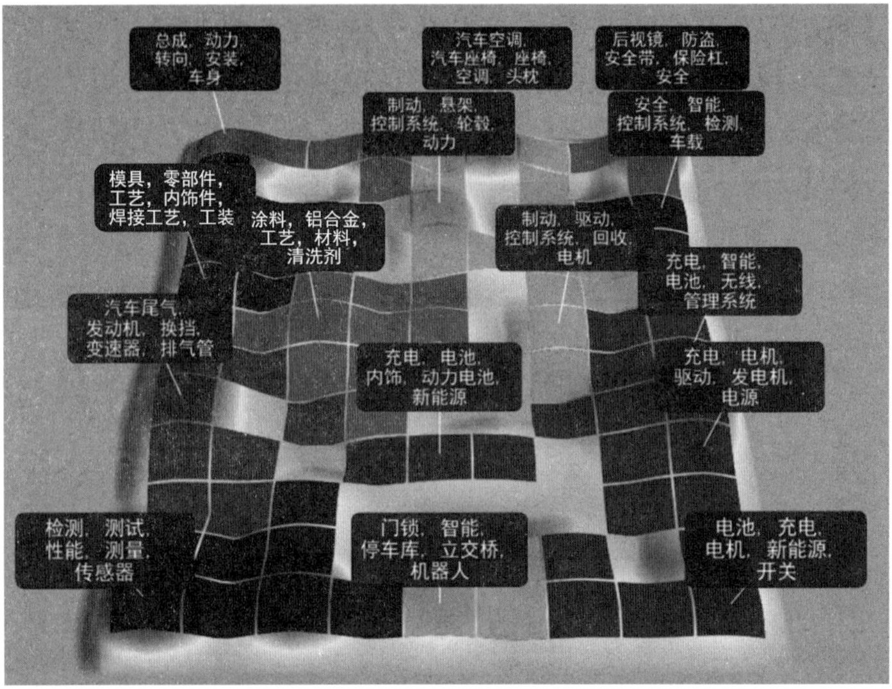

图 5-8　汽车产业专利聚类图

对图 5-8 进行旋转对比，发现有五个较为显著的高峰区域：一是充电、电池、无线、电机、电源等，且相邻相近部分形成了四个峰值区域，这些区域与电动车直接相关；二是测试测量领域，专利非常集中；三是汽车尾气、变速器、换挡、排气管等；四是模具、零部件、工艺、焊接、工装等；五是安全、智能、控制系统。其他波峰还包括防水性和耐高温材料、涂料、铝合金，自动车灯、雨刮器、天窗，密封性安装，总成安装，安全逃生、安全气囊、安全带、保险杠、防撞、后视镜等新型材料、自动化组件及安全防护设施方面的研究。

分别选择这五个波峰领域的相关方格，进一步挖掘其热点技术词，发现充电、电池、无线、电机、电源等领域的研究重点是自动智能充电和供电及相关管控系统。测试测量领域的研究热点是围绕无人驾驶汽车而展开的，关注点在于行车相关信号的采集、传递与应对。汽车尾气、变速器、换挡、排气管等领域包括两方面的研究热点：一是尾气净化和再利用；二是基于车灯信号传递产生的自动制动和反应能力。模具、零部件、工艺、焊接、工装等领域主要是围绕自动化生产线、高精密模具、自动化组装机器人等方面展开研究。安全、智能、控制系统等领域研究重点是智能化车辆安全控制系统和智能化车辆管控系统。这些方面的最新研究热点将在未来相当长的一段时间内主导汽车产业的研究和发展方向。

5.4.4 我国汽车产业技术创新战略建议

近十年我国汽车产业专利产出逐年提升，从区域分布情况来看，已有十几个省份具有汽车整车龙头企业和相关零配件企业，地域分布广泛，但地域之间的合作相对薄弱，合作专利所占比例不足1%。而各区域所具备的技术优势存在一定差异，针对如此庞大的汽车产业，区域间和企业与机构间的合作是必要的。从近年汽车产业研究热点来看，电动汽车相关专利比例明显提升，固定连接方面专利比例有所下降，研究关注点已经较十年前发生较大变化，由于汽车产业竞争激烈，针对未来发展方向进行专利战略布局势在必行。

5.4.4.1 汽车产业区域合作战略建议

（1）从区域层面推动产业技术研发强强合作，实现技术新突破。具有类似技术优势的区域应从政策层面推动企业间的项目合作，加强共性技术间的交流，拓展研究的广度和深度，促进新技术的实现。分析中发现，江苏、浙江、广东、湖北在汽车零部件方面具有优势，北京、天津、广东、山东、上海在新能源汽车的研究方面具有技术优势，吉林、辽宁、山东、湖南在重型车方面具有技术优势，重庆、河南、河北、陕西、安徽等在汽车组装方面具有技术优势，重庆、辽宁、四川、河北在汽车发动机方面具有研究优势，山东、湖南、四川在发电机、电动机方面具有一定优势。针对具体领域的区域间合作有利于集中优势研发力量推动具体技术的突破性发展，从而带动整体产业研发水平的提升。

（2）以龙头企业带动产业上下游间优劣势互补的区域性合作。龙头企业是带动区域专利产出和形成技术优势的关键性企业，譬如，福建在汽车玻璃中的技术优势源于福耀集团，北京在电动汽车方面的技术优势源于北汽新能源和北汽福田，浙江在汽车转向中的优势源于浙江亚太。区域需要加强对龙头企业的培育，增强区域的专利质量和数量，再通过龙头企业拉动上下游产业链间的合作。产业上下游形成的优劣势互补性，易于通过合作产生知识衔接性应用，带来新产品的突破和更大的经济效益。

（3）构建汽车行业内的共性技术平台，促进企业间或产学研的跨区域性合作。共性技术平台的搭建能够有效提升专利的扩散速度，加强企业间的合作，增加专利的产出动力。例如，在我国现已成立的汽车轻量化技术创新战略联盟、国嘉汽车动力电池研究院、智能网联汽车产业创新联盟等，均是由多家企业针对共性技术问题形成的联盟和研究机构，通过这样的技术合作平台，基于合理的专利共享使用方案，可以推动多家企业共同研究具体技术领域难题，从而大大提升创新能力，加快我国汽车产业的技术升级。

5.4.4.2 专利战略布局建议

（1）围绕自动化、智能化、环保性、安全性等汽车性能的改进加强相应专利布局。分析发现，目前汽车产业研究热点主要包括：自动智能充电、供电及相关管控系统；行车相关信号的采集、传递与应对；尾气净化和再利用；基于车灯信号传递产生的自动制动和反应能力；自动化生产线、高精密模具、自动化组装机器人；智能化车辆安全控制系统；智能化车辆管控系统等。可见，基于自动化检测、自动化组装、智能化管控的无人驾驶型电动汽车将成为未来汽车产业的角逐对象。研究专利亦将围绕汽车的自动化、智能化、环保性和安全性展开各类技术的深化，带来汽车产品的不断升级变更。

（2）强化优势，突破均态，弥补赶超劣势。在汽车组装、固定连接方面，我国一直保持着较好的优势，这一环节涉及多种零部件的生产和装配，随着汽车装配调试与信息技术的结合，各种相关设计、测量器械和数控方法均有着较大的发展空间，未来将通过新的组装配件、材料和方法实现自动化装配过程，我国需进一步在此领域进行战略布局。测试测量与控制系统方面，我国研究水平与国外相当，需要在应用于自动驾驶的新技术、新方法和新材料方面进行突破，加强技术监测。在发动机、电动机、电池、储能等领域，我国尚处于弱势地位，需要跟踪前沿，了解国外企业的专利布局和研发动向，以新的角度和方法进行研究和布局。

（3）从行业层面建立汽车产业专利数据库，定期通过专利挖掘，对企业专利布局进行指导和预警。以美国、日本、韩国为代表的发达国家非常重视产业专利挖掘和专利地图的绘制，给产业予以专利布局指导。我国汽车产业应由知识产权局或行业协会牵头，构建行业专利数据库，定期对海内外专利进行挖掘，了解和监测行业技术动态，分析产业创新方向、发展路径和专利态势，定期向企业发布行业专利数据分析报告，引领行业创新和专利创造方向。通过数据共享平台为企业提供专业的专利数据服务，帮助企业对细分技术领域进行专利风险预警，在技术创新和产品拓展的不同环节为企业研发和高质量专利创造提供基础支撑。

5.5 科学知识图谱在数字取证领域的应用

第二次世界大战后，计算机逐渐成为人类活动的记录员，这种趋势随着个人电脑、互联网、移动设备的引入以及计算、多媒体和电信的融合而加速。相互关联的数字设备为犯罪分子和调查人员、政府和具有隐私意识的公民，以及商业和其他活动带来了机遇和挑战。在充分利用即时通信、网络交易、信息共享与流通、云端服务的同时，面对利用电子产品及网络系统隐含的安全漏洞与隐患进行的各类电子入侵和犯罪行为，数字取证的重要性逐步提升，成为传统取证基础上不可或缺的环节。所谓数字取证，是指利用相应技术和工具，从各类电子设备或网络中获取相应案件的证据支持。这是一个年轻但发展非常迅速的学科，在过去 20 年，数字取证从隐蔽式交易行为成长为许多调查中的重要环节，数字取证工具也在政府、商业、个人数据恢复和电子侦察方面得到广泛应用。尽管当今数据文件格式繁多、磁盘容量与数据量庞大、加密技术的应用、云存储的复杂性和法律法规限制使数字取证领域发展面临诸多挑战，但新工具和新方法的不断涌现无不证实这个研究领域的活跃性。相对国外，我国在数字取证领域的研究还较少，应用意识较为薄弱。研究以数字取证为例，采用 CiteSpace V 软件，基于 WOS 文献数据对数字取证领域的研究热点分布、发展历程与热点演变、研究主题关系结构、关键性文献和研究前沿等进行分析。

研究数据均来自于 Web of Science 的核心合集数据库，包括科学引文索引扩展（SCI-E）、社会科学引文索引（SSCI）和艺术与人文引文索引（A&HCI）。在数据库中以“digital forensics”“computer forensics”“electronic forensics”“cloud forensics”和“mobile forensics”为主题词，检索到 1997~2017 年发表的有关数字取证方面文章 3095 篇，将其输入到 CiteSpace V 系统中，以每 3 年为一时间区间，将 1997~2017 年这 21 年跨度分为 7 个时间分区。当网络节点选择“keyword”，选择标准为 Top 50 时，得到合成图的网络节点数为 191，连线数为 625。当网络节点选择“Cited Reference”，阈值分别设置为（2，2，20）、（4，3，20）和（4，3，20）时，得到合成图的网络节点数为 222，连线数为 523。

5.5.1 数字取证领域研究热点主题及其演变分析

在 CiteSpace 中，共现图谱结合聚类分析能够反映出不同主题词的出现频率和相互之间的关系结构，选择时间域视图（Timezone View）可以进一步展示出热点主题词随着时间的演变规律。图 5-9 是基于上述思想形成的数字取证领域研究热点演进的关键词图谱。图中主要展现出五个主要聚类，聚类模块度（Modularity Q）为 0.5829，轮廓系数（Mean Sihouette）为 0.4723。根据 Newman 提出的模块度越大，聚类块的划分越合理，大于 0.4 的 Modularity Q 是可接受的，能够较好体现出聚类模块间的关系结构。在时间域上采取 3 年为一时间切片，使关键词分七个切片予以呈现。图中每一个节点代表一个主题词，节点越大，说明该主题词出现频率越高，这里频率大于 9 的主题词被标注呈现。

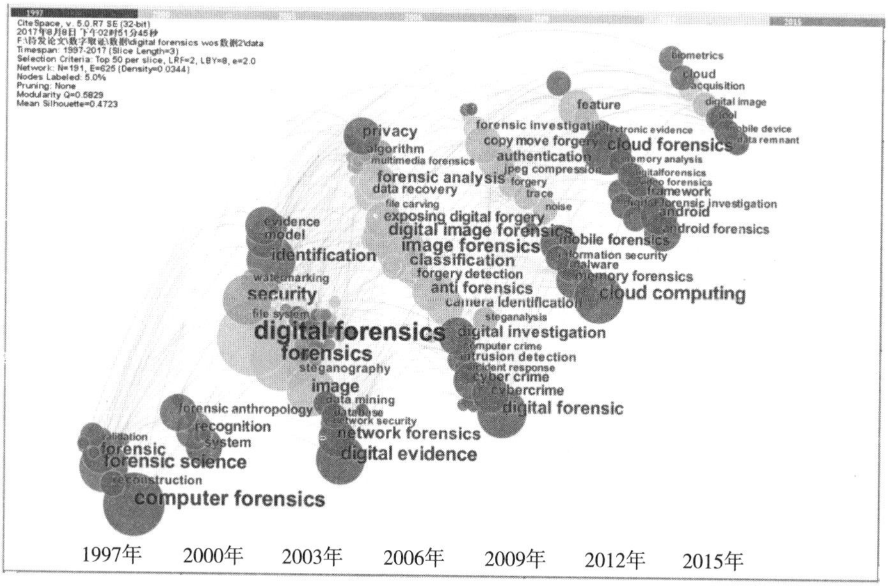

图 5-9 数字取证领域研究热点演进的关键词图谱

图 5-9 中，聚类 1 体现出数字取证领域研究对象的载体介质和相关取证技术的变化，热点主题词从最早的计算机取证，到网络取证和数据挖掘，到网络犯罪与入侵监测，到移动设备取证、存储器取证和云计算，到存储器分析、安卓取证和云取证，到目前的取证工具、数据残余、移动设备等方面。这一类研究从 1997 年一直到现在都备受关注，只是研究对象在根据人们常用的电子设备发生转变。聚类 2 的热点词汇从 2003 年开始，这一类词汇主要围绕图像取证展开，研究热点从图像取证和信息隐秘，到相机识别、图像造假识别、隐秘分析、图像和数字图像取证，到拷贝移动造假、认证、jpeg 图像压缩、图像痕迹、噪声，再到图像特征分析。目前，数字图像取证仍是研究热点之一。聚类 3 的研究内容主要集中在数据恢复方面，包括文件系统数据恢复、文件雕刻，以及恢复数据获取和分析方面的取证研究。聚类 4 的主题词仅出现在 2003~2008 年两个时间切片，该部分主题词与破解文件保护技术有关，包括水印技术、加密算法等，对多媒体取证非常重要。聚类 5 主题词构成的研究领域也一直受到研究者的青睐，这一类研究更多从人的特性出发探讨数字取证方法，从人类学和社会学角度分析出一个人可能留下的数字痕迹，进行有效性判断和证据识别、各类相关性模型、隐私分析，以及 2015 年后生物识别技术和云端应用均纳入该聚类。综上可见，数字取证领域的研究热点围绕存储介质与取证方法、图像取证、数据恢复、加密与解密、人与社会特性五大脉络展开。

研究兴趣的骤然兴起是一个研究前沿兴起的信号，在 CiteSpace 中可以通过突发检测发现突现关键词，并计算这些关键词的突现强度。这类突现性关键词比高频次关键词更适于探测学科发展的新兴趋势和突然变化，是识别新兴前沿的关键指标。表 5-5 列出了数字取证领域排名前 25 的突现词汇，并按照突现起始年进行排序。

表 5-5 排名前 25 的突现关键词

关键词	突现强度	1997~2017 年
forensic science	20.5893	
forensic pathology	4.0084	
forensic	4.6618	
data mining	4.4352	
facial reconstruction	4.0005	
multimedia forensics	4.8259	
steganalysis	4.2852	
exposing digital forgery	7.681	
image forensics	5.9203	
forensic anthropology	5.245	
camera identification	5.123	
noise	5.039	
forgery	5.039	
jpeg compression	3.9964	
cloud computing	11.9079	
cloud forensics	10.0877	
digital forensic investigation	5.7215	
framework	4.5332	
cloud	6.0787	
authentication	4.9438	
tool	4.8564	
copy move forgery	4.2263	
acquisition	4.1929	
digital image	4.1929	
biometrics	4.0434	

从表 5-5 可以看出，随时间推移所产生的新兴研究主题。根据时间段可以把该研究领域分为三个研究区间：第一区间为 1997~2004 年，是数字取证领域的基础理论研究或起步期，在这一时期突现的主题词相对较少。第二

时期为 2005~2012 年，这一时期是数字取证领域的快速发展期，新的突现词汇随着新数字产品和取证方法的产生而不断涌现，图像识别技术在这一时期是研究的核心聚焦点。第三时期为 2013 年至今，是数字取证领域的进一步发展期，人们开始关注框架、工具、认证方法，同时新技术的出现又推动该领域涌现出新的主题词，这一时期云计算和云取证为研究的核心聚焦点，取证方法和工具的不成熟意味着该领域还需要在反取证与取证中进一步向前发展。

5.5.2 数字取证领域研究主题间的关系结构分析

利用文献间的共引关系，结合聚类分析可以得到数字取证领域的知识景观图，如图 5-10 所示。该图聚类模块度为 0.7504。由于该领域研究对象较为分散，形成的小型聚类非常多，利用过滤器去除小型聚类，得到 8 个主要聚类。

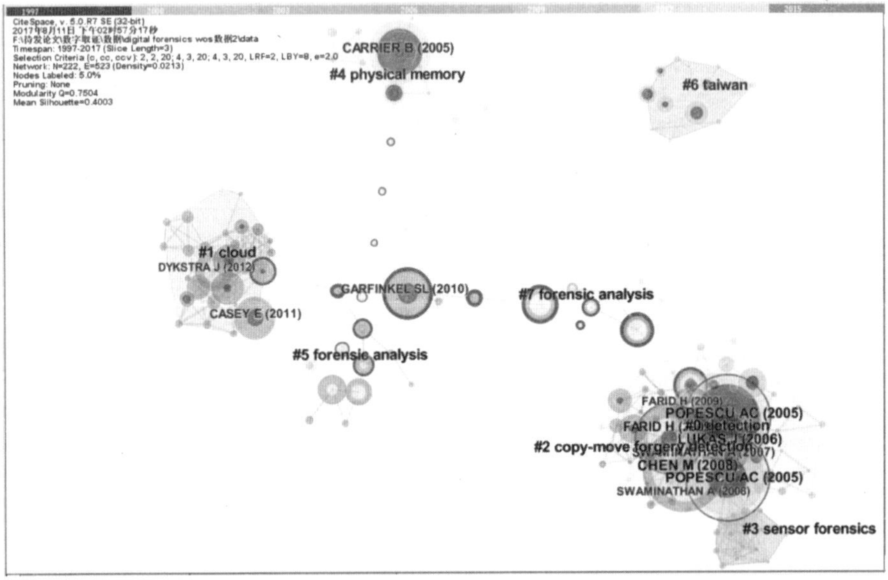

图 5-10 数字取证领域共引网络聚类

注：#6 是关于具体案例的取证方法研究，以台湾学者及针对台湾的研究较为活跃，文献平均年献为 2003 年。

图 5-10 中每个节点描绘了一个被引文献，其中年轮环较大，颜色较深的为关键性文献，代表着被引频率高，突现性强和中介中心性高的引文。由于黑白色彩难以显示不同颜色包含的丰富信息，表 5-6 和表 5-7 中分别列出中介中心度和突现度排名前十的文献。

尽管各聚类研究的主体对象有所区别，但 CiteSpace 根据 tf * idf、LLR 和 MI 三种排名算法从每个集群被引用文献标题、摘要和关键词中提取的名词短语却非常相似，这说明针对不同研究对象，采取的数字取证技术是基本雷同的，主要研究内容包括：基于计算机的颅面重构、档案存档的文献框架、文件系统日志的应用、头颅数据分析、移动应用程序隐私评估（mobileak 项目）、事务水印、不完整的网络数据处理、易失与不稳定信息收集、电脑取证系统、计算机取证调查框架、身份验证方案、轻量级媒介取证技术、探寻大型堆栈、模糊专家系统、有效几何 k-最近邻分类方法、多帧图像的超分辨率重建技术、检测隐藏加密数据、搜索模型、基于 GMM（高斯混合模型）的音频编码解码检测、视频伪造检测、基于盲源分离的计算机设备识别技术、基于分类的自动分析、表情面部识别技术、动态网络和网络攻击起源取证技术等。

5.5.3 数字取证领域关键文献分析

基于托马斯·库恩的科学变革理论，科学进步是一个反复革命的过程，关键性文献会引导研究领域将一个范式推向新的高潮，或从一个范式转向另一个新的范式，为研究提供新的框架。这一过程在一个研究领域不断反复并最终形成该领域的知识结构。利用关键性文献可以探寻研究领域发展和范式转变的缘由。CiteSpace 主要通过两个指标来测度关键性文献：一是 Freeman 于 1979 年提出的中介中心性（Betweenness Centrality），它能够体现出一个节点在网络中的重要性，这类节点是潜在范式转变的关键点；二是根据 Kleinberg 于 2002 年设计的突现检测算法（Burst Detection Algorithm）测度文献节点的突现度，这类节点是引发研究兴趣骤然兴起和新兴研究前沿的关键点。表 5-6 和表 5-7 分别列出了中介中心度和突现度排名前十的文章，它们完全不同，说明排名靠前的突现性文献并未起到连接两个不同聚类或范式转移的作用。

表 5-6　数字取证领域中介中心度排名前十的文献

排序	中心度	文献信息
1	0.48	Huber M.（2011）. Social Snapshots：Digital Forensics for Online Social Networks
2	0.46	Chih-chung C.（2011）. LIBSVM：A Library for Support Vector Machines
3	0.43	Garfinkel S.（2009）. Bringing Science to Digital Forensics with Standardized Forensic Corpora
4	0.43	Garfinkel S. L.（2010）. Using Purpose-Built Functions and Block Hashes to Enable Small Block and Sub-file Forensics
5	0.43	Garfinkel S.（2010）. Digital Forensics Research：The Next 10 Years
6	0.39	Kirchner M.（2008）. Hiding Traces of Resampling in Digital Images
7	0.27	Chung H.（2012）. Digital Forensic Investigation of Cloud Storage Services
8	0.26	Mutawa N. A.（2012）. Forensic Analysis of Social Networking Applications on Mobile Devices
9	0.24	Lessard J.（2010）. Android Forensics：Simplifying Cell Phone Examinations
10	0.21	Roussev V.（2009）. File Fragment Classification-The Case for Specialized Approaches

结合图 5-10 中的聚类发现，以上十篇文献在#5 中有三篇。其中，Lessard（2010）强调 Android 手机将成为未来的重要终端，针对 Android 手机的取证研究非常重要。Huber（2011）指出在社交网站中的社会快照，如用户数据、私人消息、照片、时间印记、相关联元数据等对安全性和数字取证方面的研究作用，并以 Facebook 为例对一些志愿者进行评估和验证。

Mutawa（2012）对三款流行的智能手机（BlackBerry、iPhone 和 Android 手机）上三种广泛应用的社交网络应用（Facebook、Twitter 和 MySpace）进行取证分析，确定是否可以从每个设备的逻辑图像中发现和检索有价值的数据，最终发现 BlackBerry 设备无法恢复任何痕迹，而 iPhone 和 Android 手机存储大量有价值的数据，可由取证人员进行恢复和使用。这三篇文章起到连接#1、#4 和#7 的作用。

#7 中有五篇中心度高的文献。其中，Garfinkel（2009）提出构建数字取证的标准化语料库的方法。Garfinkel（2010a）探讨了一种用于自动化取证工具的小块数据识别方法，能够对加密散列的独立小块数据进行处理，可用于压缩数据检测、取证内容快速分类和扇区散列的数据雕刻。Garfinkel（2010b）通过综述指出自动化识别取证系统对未来数字取证领域发展至关重要，此文与 Huber（2011）架起了#5 与#7 聚类间的关联。Roussev（2009）研究了文件类型对取证的影响，指出不同文件类型具有不同的固定内部结构，需要将文件类型识别加入取证流程，提出自底向上检测广泛应用的文件格式类型，提升取证效果，该文在聚类内部起到链接作用。Chih-chung（2011）研究了支持向量机（SVM）的软件包 LIBSVM，该软件由 Chih-chung 自 2000 年以来开发并不断改进，在机器学习和自动化数字取证等诸多领域得到广泛应用。

Chung（2012）是#1 中与 Huber（2011）相连接的文献，研究如何利用智能终端，特别是智能手机中用户使用痕迹，取证云存储服务使用情况。Kirchner（2008）是#0 中与 Chih-chung（2011）相连接的文献，该文提出基于空间域中局部线性预测器的残差信号的周期性变化探测由传统重采样技术无法发现的图像转换操作的新变体，并指出反取证技术使以往一些取证工具的有效性受到质疑，需要进一步改进取证技术。

基于以上分析发现，有关智能手机与社交网络方面的研究和有关自动化取证技术和工具方面的研究在整个数字取证领域的网络结构和范式转移中起到了重要作用。

表 5-7 数字取证领域突现度排名前十的文献

排序	突现度	文献信息
1	15.92	Popescu A. C. (2005). Exposing Digital Forgeries in Color Filter Array Interpolated Images
2	13.06	Popescu A. C. (2005). Exposing Digital Forgeries by Detecting Traces of Re-sampling
3	10.08	Carrier B. (2005). File System Forensic Analysis
4	9.58	Lukas J. (2006). Digital Camera Identification from Sensor Pattern Noise
5	8.02	Chen M. (2008). Determining Image Origin and Integrity Using Sensor Noise
6	7.83	Dykstra J. (2013). Design and Implementation of FROST: Digital Forensic Tools for The OpenStack Cloud Computing Platform
7	7.53	Swaminathan A. (2007). Nonintrusive Component Forensics of Visual Sensors Using Output Images
8	7.21	Fridrich J. (2003). Detection of Copy-Move Forgery in Digital Images
9	7.16	Casey E. (2011). Digital Evidence and Computer Crime
10	6.88	Popescu A. C. (2004). Exposing Digital Forgeries by Detecting Duplicated Image Regions

在图 5-1 中可以较为清晰地观察到大部分的突现文献，其中以 Popescu（2005a，2005b）的两篇文章最为突出，排在第十位的 Popescu（2004）与此两篇文章同属于#0。这三篇文章均是有关发现数字篡改痕迹和造假行为的技术方法。其中，Popescu（2004）首先通过主成分分析降低描述图像块的维度，其次采用自动检测图像中重复区域发现图像中的微小变化。Popescu（2005a）是通过自动检测数码相片中彩色滤波器阵列（Color Filter Array）插值的相关性，解释数字图像的篡改痕迹。Popescu（2005b）引入图像的特定统计相关性，通过缩放或旋转等形式重新采样，自动检测这些相关性来识别数字图像的伪造行为。这三篇文章显然对识别图像伪造技术的发展起

到了奠基性的作用。同处于#0 的 Fridrich（2003）提出了两种用于检测 Copy-Move 伪造的算法——精确匹配算法和近似匹配算法，并探讨了彻底搜索和自相关这两种方法的应用；Lukas（2006）提出了一种基于图像中的传感器模式噪声（Sensor Pattern Noise）来识别数字摄像头或相机的方法；Swaminathan（2007）提出了一种用于视觉传感器的非侵入式取证分析方法，利用彩色滤波器阵列和颜色插值模块（Color Interpolation Modules）识别相机组件所采用的算法和参数，确定拍摄图像的品牌和特性等。与#0 密切相关的#2 中的 Chen（2008）提出了一个基于图像识别源数码相机的统一框架和利用光学响应不均匀性噪声（PRNU）识别图像篡改的方法。可见，在前十篇突现文章中，有七篇文章均是针对图像伪造识别技术方面的研究，说明这方面技术的突起是数字取证领域得以发展的一个重要原因。

#4 中的 Carrier（2005）是一本有关文件系统取证分析的书，内容包括计算机基础和硬盘数据获取、磁盘的分区和卷标（Volume）分析、文件系统分析等。#6 中 Casey（2011）是自 2000 年出版并不断修订的书籍，内容涉及数据调查、计算机取证、网络取证和电脑犯罪的调查。#1 中的 Dykstra（2013）设计和描述了一个在 OpenStack 云平台实施取证的工具包，即 Forensic OpenStack Tools（FROST），能够对服务云端的虚拟磁盘、API 日志、客户防火墙日志等进行可信的取证。这三篇文献分别对文件系统恢复与数据提取、犯罪事件电子取证和云取证方面的研究具有重要意义。

5.5.4 数字取证领域研究结论

本节利用 CiteSpace V 分别基于共词网络和共引网络，结合时域分析、突现分析和聚类分析，探讨了数字取证领域的研究热点主题与演变历程、聚类主题关系结构、关键性文献和新兴趋势，得到以下三点结论：第一，存储介质与取证方法、图像取证、数据恢复、加密与解密、人与社会特性是数字取证领域研究热点演进的五大脉络，新的取证分析框架、技术、工具和云取证是近年显现出的新兴研究趋势。第二，数字取证领域研究主体可分为八类：基础理论与方法、云计算与云取证、图像伪造识别与取证方法、物理设备鉴定与调查方法、文件恢复与数据提取、智能手机和社交网络取证、基于案例和具体犯罪事件的取证、自动识别技术和工具。它们相互关联，形成了数字取证领域的知识景观。各类研究所采用的基础性取证技术是雷同的。第三，文件系统取证、图像伪造识别、计算机与网络犯罪事件取证和云平台取证是不同时期该领域关注的重点，其中图像伪造识别技术方面的研究突破是推动数字取证领域得到快速发展的重要原因之一。而有关智能手机与社交网络和自动化取证技术与工具方面的研究在整个数字取证领域的网络结构和范式转移中起到了重要作用，与云平台取证将成为未来数字取证领域的三大主要研究方向。

6

研究总结与展望

党的十九大报告指出，我国从 2020 年再奋斗 15 年，到 2035 年将跻身创新型国家前列，经济实力和科技实力将大幅跃升，这一目标离不开区域知识能力的提升。知识特别是技术类知识现已成为一个国家、地区和企业竞争优势形成的主要推动力。新知识的创造，往往引发新产品的形成和新市场的建立，或可带动整个新兴产业的兴起，推动区域经济产业结构发生根本性变化。20 世纪美国中西部汽车产业的发展和加州硅谷半导体与计算机行业的发展均是这类案例的典型代表。恰当的区域创新体系和创新政策形成的区域环境有利于新知识的孕育滋生和开花结果。众多历史案例表明，产生新知识和新兴行业的区域并非巧合，因为新知识和新产品的创造、新市场的进入均需要相关资源和能力的支撑，这些资源和能力在空间上的分布往往是不均衡的。不同区域经济活动的组成和相关投入的可用性各不相同，这使某些区域在特定性质的产品方面具有较高的知识能力，包括相关个体和组织的经验，以及来自其他代理人的知识流等，使其相对于其他地区，更易于推动以某类知识为基础的新事物的产生。这里的区域知识能力不仅是知识创造能力，还是通过整体配套的知识环境，促使知识在区域内形成良性循环。一旦形成良性循环，区域便能够产生知识粘性，易于在一个地区集聚，经济活动知识密集性越高的地方，产生的知识集聚越多，更易于推动以某类知识为基础的新事物的产生。

区域的知识粘性使区域知识管理对区域知识和创新能力的提升具有重要的意义，而区域知识战略定位有利于区域知识管理的有效执行，抓住知识优势，形成知识特色。本书提出基于区域知识结构和区域知识能力测度与评估，分析区域知识优势，明确区域知识战略定位的方法。并且在具体知识领域可以通过知识发展历程、分布现状和热点趋势，对未来区域知识的发展思路，特别是开放式的区域合作策略提供借鉴。

本书是基于近三年研究成果编纂而成，第 1~3 章主要是介绍区域知识管理和区域知识战略定位的相关理论基础。第 4 章重点介绍了区域知识定位的方法，包括两个层面：一是从区域整体层面的分析和定位；二是从具体知识领域的层面进行分析和定位。第 5 章是对第 4 章所介绍方法的具体应用。区域整体层面的应用包括对我国 31 个省份（港澳台地区除外）和京津冀地区知识结构和知识能力的分析及知识优势判断。具体知识领域层面选择了汽车产业和数字取证技术作为代表，进行了发展现状和热点趋势分析。

在区域知识结构测度方法的应用中发现，基于 IPC-产业技术对照表生成的知识结构雷达图能够体现不同区域的量能知识结构和势能知识结构，可为进一步针对具体技术领域的区域知识能力挖掘和研发战略制定奠定基础。该方法中专利与产业相对应的对照表是非常重要的，尽管研究提出了一种可用于中国专利数据分析的专利—产业对照表生成方法，但基于 IPC 大类产生的概率匹配可能会使产业与专利 IPC 之间的对应关系仍存在一定的偏差。若将来我国可以在专利数据库中对专利赋予生产和首次使用专利的产业代码，将有利于生成更适于我国国情的对照表。

在区域知识能力评估方法的具体应用中，发现区域知识能力评估有利于区域的知识战略定位和相关政策制定。鉴于区域与企业不同，其知识能力并不体现于细节性的创新能力，而更多体现于相对宏观的基础设施、环境、政策等支撑和促进知识活动产生的要素，本书提出区域知识能力的支撑模型，即区域知识能力受到知识基础、投入能力和潜在能力三方面的影响和支撑。在此基础上，从三大支撑要素出发，设计指标体系和测度方法。该方法不仅能通过知识能力综合指数判断区域的知识能力现状，还能够帮助各区域从知识基础、投入能力和潜在能力三方面发现具体的差距和问题，寻找可改进提升知识能力的路径。但在具体测度方法上仍存在一定的局限性：首先，知识是具有多样性的，但本书的知识能力测度主要采用专利数据，未能考虑人文、艺术等专利无法测度的知识，造成知识基础指数、创新潜能指数、外联潜能指数具有一定的片面性。其次，区域在不同知识领域的知识基础和潜能是存在差异的，目前的指标尚未考虑知识领域的划分，难以辨别区域在不同领域中知识能力的差异性。最后，所有的测度指标值均是根据研究区域相对值进行设定的，尚未建立一个公认的标杆，使得最终综合指数只能反映研究区域的相对强弱。在未来研究中需要从以上三方面进一步完善区域知识能力测度方法。

在具体知识领域的知识现状和发展趋势分析中，专利地图和科学知识图谱尽管能够通过已有专利和文献数据挖掘出该领域的研究进展历程，研究前沿和热点，但是毕竟专利数据和文献数据均具有滞后性，通常可检索到的专利和文献可能都是1~2年前的研究成果，因此在科技快速发展的今天，对特定知识领域发展的最新趋势或长远趋势的判断还需要基于科研人员、企业研发人员、具体客户等人群的调研。

基于本书的研究，在具体区域知识战略定位工作中应分“三步走”：第一步是整体区域知识战略定位，它是基于区域所有知识存量水平和区域知识能力的总体水平来决定的。第二步是区域内重点知识领域的知识战略定位。它首先需要基于区域知识结构测度和分析，判断哪些是知识优势领域，哪些是知识劣势领域，并结合未来社会和产业发展趋势和区域整体发展规划，确定要重点发展和培育的知识领域；其次针对选择出的要重点发展的具体知识领域，一一做深层次的分析，确定其知识发展脉络、知识前沿和热点的演化进程、知识真空与未来值得探索的空间、主要的知识专家和组织等；最后分析具体知识领域发展的战略定位和策略制定。第三步是区域知识战略的形成，即在整体战略定位与各知识领域发展战略定位和策略的基础上，形成区域知识战略整体方案。由于目前各环节的研究还存在很多不足，未来需要对区域知识结构测度、区域知识能力评估、具体知识发展策略分析方法和可视化呈现等方面进行进一步的探讨。

参考文献

[1] Abramovitz M. Catching up, forging ahead and falling behind [J]. Journal of Economic History, 1986 (46): 385-406.

[2] Akman G., Yilmaz C. Innovative capability, innovation strategy and market orientation: An empirical analysis in Turkish software industry [J]. International Journal of Innovation Management, 2008, 12 (1): 69-111.

[3] Alavi M., Leidner D. E. Review: Knowledge management and knowledge management systems: Conceptual foundations And research issues [J]. MIS Quarterly, 2001, 25 (1): 107-136.

[4] Alfred Chen, Rain Chen. Design patent map: An innovative measure for corporative design strategies [J]. Engineering Management Journal, 2007, 19 (3): 14-30.

[5] Antonelli C. Knowledge complementarity and fungeability: Implications for regional strategy [J]. Regional Studies, 2003, 37 (6-7): 595-606.

[6] Archibugi D., Pianta M. Measuring technological change through patents and innovation survey [J]. Technovation, 1996, 16 (9): 451-468.

[7] Asheim B. T., Gertler M S. The geography of innovation: Regional innovation systems, in: The Oxford Handbook of Innovation [M]. Oxford: Oxford University Press, 2005: 291-317.

[8] Banerjee P., Gupta B. M., Garg K. C. Patent statistics as indicators of

competition: An analysis of patenting in biotechnology [J]. Scientometrics, 2000, 47 (1): 95-116.

[9] Barney J. B. The resource-based theory of the firm [J]. Organization Science, 1996, 7 (7): 469-476.

[10] Basil M. 汽车产业创新报告 2015 [J]. 科学观察, 2015 (5): 51-61.

[11] Buenstorf G., Fritsch M., Medrano L. F. Regional knowledge, organizational capabilities and the emergence of the West German laser systems industry, 1975-2005 [J]. Regional Studies, 2012, 49 (1): 59-75.

[12] Camison C., Fores B. Knowledge absorptive capacity: New insights for its conceptualization and measurement [J]. Journal of Business Research, 2010 (63): 707-715.

[13] Cantner U., Meder A., Wal A. L. J. T. Innovator networks and regional knowledge base [J]. Technovation, 2010, 30 (9-10): 496-507.

[14] Carrier B. File system forensic analysis [M]. Addison-Wesley, 2005.

[15] Casey E. Digital evidence and computer crime [M]. Academic Press, 2011.

[16] Chen C. CiteSpace Ⅱ: Detecting and visualizing emerging trends and transient patterns in scientific literature [J]. Journal of the American Society for Information Science and Technology, 2006, 57 (3): 359-377.

[17] Chen C. Searching for intellectual turning points: Progressive knowledge domain visualization [C]. Proceedings of the National Academy of Sciences of the United States of America, 2004 (1011): 5303-5310.

[18] Chen C., Dubin R., Kim M. C. Orphan drugs and rare diseases: A scientometric review (2000-2014) [J]. Expert Opinion on Orphan Drugs, 2014, 2 (7): 709-724.

[19] Chen D. N., Liang T. P. Knowledge evolution strategies and organizational performance: A strategic fit analysis [J]. Electronic Commerce Research and Applications, 2011 (10): 75-84.

[20] Chen M., et al. Determining image origin and integrity using sensor noise [J]. IEEE Transactions on Information Forensics & Security, 2008, 3 (1): 74-90.

[21] Chen M., Liu W., Tao X. Evolution and assessment on China's urbanization 1960- 2010: Under-urbanization or over-urbanization? [J]. Habitat International, 2013, 38 (4): 25-33.

[22] Chen Y. S., Chen B. Y. Utilizing patent analysis to explore the cooperative competition relationship of the two LED companies: Nichia and Osram [J]. Technological Forecasting & Social Change, 2011 (78): 294-302.

[23] Chen C., F. Ibekwe-SanJuan J. Hou. The structure and dynamics of cocitation clusters: A multiple- perspective cocitation analysis. Journal of the American Society for Information Science and Technology, 2010, 61 (7): 1386-1409.

[24] Chen C., R. Dubin M. C. Kim. Emerging trends and new developments in regenerative medicine: A scientometric update (2000 - 2014) [J]. Expert Opinion on Biological Therapy, 2014, 14 (9): 1295-1317.

[25] Chen Y., Y. Chiu. An IPC-based vector space model for patent retrieval [J]. Information Processing & Management, 2011, 47 (3): 309-322.

[26] Cheng C. C., Yang C., Sheu C. Effects of open innovation and knowledge-based dynamic capabilities on radical innovation: An empirical study [J]. Journal of Engineering and Technology Management, 2016, 41 (July - September): 79-91.

[27] Chih-chung C., Lin C. J. LIBSVM: A library for support vector machines [J]. ACM, 2011, 2 (3): 1-27.

[28] Chiu T. A proposed IPC-based clustering method for exploiting expert knowledge and its application to strategic planning [J]. Journal of Information Science, 2014, 40 (1): 50-66.

[29] Choi C., Park Y. Monitoring the organic structure of technology based on the patent development paths [J]. Technological Forecasting and Social Change, 2009, 76 (7): 769-786.

[30] Chung H., et al. Digital forensic investigation of cloud storage services [J]. Digital Investigation, 2012, 9 (2): 81-95.

[31] Cohen W., Levinthal D. Absorptive capacity: A new perspective on learning and innovation [J]. Administrative Science Quarterly, 1990, 35 (1): 128-152.

[32] Colombelli A., Quatraro F. New firm formation and regional knowledge production modes: Italian evidence [J]. Research Policy, 2018, 47 (1): 139-157.

[33] Comanor W. S., Scherer F. M. Patent statistics as a measure of technical change [J]. Journal of Political Economy, 1969, 77 (3): 392-398.

[34] Cooke P. Regionally asymmetric knowledge capabilities and open innovation [J]. Research Policy, 2005, 34 (8): 1128-1149.

[35] Dechezleprêtre A., Neumayer E., Perkins R. Environmental regulation and the cross-border diffusion of new technology: Evidence from automobile patents [J]. Research Policy, 2015, 44 (1): 244-257.

[36] Dong D., M. Chen. Publication trends and co-citation mapping of translation studies between 2000 and 2015. Scientometrics, 2015, 105 (2): 1111-1128.

[37] Duan Y., Nie W., Coakes E. Identifying key factors affecting transnational knowledge transfer [J]. Information & Management, 2010 (47):

356-363.

[38] Dykstra J., Sherman A. T. Design and implementation of FROST: Digital forensic tools for the OpenStack cloud computing platform [J]. Digital Investigation, 2013, 10 (8): S87-S95.

[39] Earl M. Knowledge management strategies: Toward a taxonomy, Journal of Management Information Systems, Summer 2001, 18 (1): 215-233.

[40] Edlera J., Fier H., Grimpec C. International scientist mobility and the locus of knowledge and technology transfer [J]. Research Policy, 2011 (40): 791- 805.

[41] Edlera J., Fier H., Grimpec C. International scientist mobility and the locus of knowledge and technology transfer [J]. Research Policy, 2011 (40): 791- 805.

[42] Ergazakis K., Metaxiotis K., Psarras J. Towards know ledge cities: Conceptual analysis and success stories [J]. Journal of Knowledge Management, 2004 (5): 5-15.

[43] Escribanoa A., Fosfuri A., Tribo J. A. Managing external knowledge flows: The moderating role of absorptive capacity [J]. Research Policy, 2009 (38): 96-105.

[44] Evenson R., Putnam, J. The Yale-Canada patent flow concordance [R]. Yale University, Economic Growth Centre Working Paper, 1988.

[45] Feldman R., Dagan I. Knowledge discovery in textual databases [C]. In: Proceedings of KDD, International Conference in Knowledge Discovery and Data Mining, Montreal, Canada, 1995 (August): 112-117.

[46] Frenz M., Letto-Gillies G. The impact on innovation performance of different sources of knowledge: Evidence from the UK community innovation survey [J]. Research Policy, 2010, 38 (7): 1125-1135.

[47] Fridrich J., Soukal D., Lukas J. Detection of copy-move forgery in digital images [R]. Proceedings of Digital Forensic Research Workshop, 2003.

[48] Friedmann J. Planning in the Public Domain: From knowledge to action [M]. Princeton: Princeton University Press, 1987.

[49] Furman J. L., M. E. Porter, S. Stern. The determinants of national innovative capacity [J]. Research Policy, 2002 (31): 899-933.

[50] Garfinkel S., et al. Bringing science to digital forensics with standardized forensic corpora [J]. Digital Investigation, 2009 (6): S2-S11.

[51] Garfinkel S., et al. Using purpose-built functions and block hashes to enable small block and sub-file forensics [J]. Digital Investigation, 2010a (7): S13-S23.

[52] Garfinkel S. L. Digital forensics research: The next 10 years [J]. Digital Investigation, 2010b (7): S64-S73.

[53] Goldberg M. A. Knowledge creation, use and innovation: The role of urban and regional innovation strategies and policies [J]. European Planning Studies, 2006, 14 (5): 641-664.

[54] Gould D. M., Panterov G. Multidimensional connectivity: Why the interplay of international connections matters for knowledge transfers [J]. Journal of Policy Modeling, 2017, 39 (4): 699-711.

[55] Grant R. M. Prospering in dynamically-competitive environments: Organizational capability as knowledge integration [J]. Organization Science, 1996, 7 (4): 375-387.

[56] Grant R. M. The resource-based theory of competitive advantage: Implications for strategy formulation [J]. California Management Review, 1991, 30 (3): 114-135.

[57] Griliches Z. Patent statistics as economic indicators: A survey [J].

Journal of Economic Literature, 1990, 28 (4): 1661–1707.

[58] Han Y. J. Measuring industrial knowledge stocks with patents and papers [J]. Journal of Informetrics, 2007, 1 (4): 269–276.

[59] Healey P., McDougall G., Thomas M. J. Planning theory: Prospects for the 1980s [M]. Oxford: Pergamon Press, 1979.

[60] Henderson J. V., Kuncoro A., Turner M. Industrial development in cities [J]. Journal of Political Economy, 1995 (5): 1067–1090.

[61] Hoover E. M. Fisher J. Research in Regional Economic Growth [C]. In Universities–National Bureau Committee for Economic Research, ed. Problems in the Study of Economic Growth, New York, 1949.

[62] Hu J., Zhang Y. Research patterns and trends of Recommendation System in China using co–word analysis [J]. Information Processing & Management, 2015, 51 (4): 329–339.

[63] Huber M. Social snapshots: Digital forensics for online social networks [C]. Twenty–seventh Computer Security Applications Conference, 2011, 70 (1): 113–122.

[64] Hudson B. Comparative and current planning theories: Counterparts and contradictions [J]. Journal of the American Planning Association, 1979, 45 (4): 387–398.

[65] Jasimuddin M. S. A holistic view of knowledge management strategy [J]. Journal of knowledge management, 2008, 12 (2): 57–66.

[66] Jiang N., Shan X. G., Qi S. Contribution to economy of intellectual property intensive industries in China [J]. Studies in Science of Sciences, 2014 (8): 1157–1165.

[67] Jin G., Jeong Y., Yoon B. Technology–driven roadmaps for identifying new product/market opportunities: Use of text mining and quality function deploy-

ment [J]. Advanced Engineering Informatics, 2015 (29): 126-138.

[68] Johannessen J. A., Olaisen B., Olaisen J. Aspects of innovation theory based on knowledge-management [J]. International Journal of Information Management, 1999, 19 (2): 121-139.

[69] Johnson D. The OECD technology concordance (OTC): Patents by industry of manufacture and sector of use [R]. OECD Science, Technology and Industry Working Papers, March 2002.

[70] Jong H. S., Sang C. P. Service - oriented Technology Roadmap (SoTRM) using patent map for R&D strategy of service industry [J]. Expert Systems with Applications, 2009 (36): 6754-6772.

[71] Kim M. C., Chen C. A scientometric review of emerging trends and new developments in recommendation systems [J]. Scientometrics, 2015, 104 (1): 239-263.

[72] Kirchner M., Bohme R. Hiding traces of resampling in digital images [J]. IEEE Transactions on Information Forensics and Security, 2008, 3 (4): 582-592.

[73] Kleinberg J. Bursty and hierarchical structure in streams [J]. Data Mining and Knowledge Discovery, 2003 (7): 373-397.

[74] Kortum S., Putnam J. Assigning patents to industries: Tests of the Yale technology concordance [J]. Economic Systems Research, 1997, 9 (2): 161-176.

[75] Kostas E., Kostas M., Psarras J., Askounis D. An integrated decision support model for a knowledge city's strategy formulation [J]. Journal of Knowledge Management, 2007, 11 (5): 65-86.

[76] Kostoff R., Toothman D., Eberhart H., Humenik J. Text mining using database tomography and bibliometrics: A review [J]. Technological Forecasting

and Social Change, 2001, 68 (3): 223-252.

[77] Kroll H., Schiller D. Establishing an interface between public sector applied research and the Chinese enterprise sector: Preparing for 2020 [J]. Technovation, 2010, 30 (2): 117-129.

[78] Kuo C. C., Yang C. H. Knowledge capital and spillover on regional economic growth: Evidence from China [J]. China Economic Review, 2008 (19): 594-604.

[79] Kylaheiko K., Jantunen A., Puumalainen K., Luukka P. Value of knowledge — Technology strategies in different knowledge regimes [J]. Int. J. Production Economics, 2011 (131): 273-287.

[80] Lach S. Patents and productivity growth at the industry level: A first look [J]. Economic Letter, 1995, 49 (1): 101-108.

[81] Lau K. W., Lo W. Regional innovation system, absorptive capacity and innovation performance: An empirical study [J]. Technological Forecasting and Social Change, 2015, 92 (March): 99-114.

[82] Lavie D., Haunschild P., Khanna P. Organizational difference, relational mechanism, and alliance performance [J]. Strategic Management Journal, 2012, 33 (12): 1453-1470.

[83] Lee C., Kang B., Shin J. Novelty-focused patent mapping for technology opportunity analysis [J]. Technological Forecasting and Social Change, 2015, 90 (6): 355-365.

[84] Leonard D., Sensiper S. The role of tacit knowledge in group innovation [J]. California Management Review, 1998, 40 (3): 112-121.

[85] Lessard J., Kessler G. Android forensics: Simplifying cell phone examinations [J]. Small Scale Digital Device Forensics Journal, 2010, 4 (1): 1581-1582.

[86] Leydesdorff L., Bornmann L. Mapping (USPTO) patent data using overlays to Google Maps [J]. Journal of the American Society for Information Science and Technology, 2012, 63 (7): 1442-1458.

[87] Lukas J., Fridrich J., Goljan M. Digital camera identification from sensor pattern noise [J]. IEEE Transactions on Information Forensics & Security, 2006, 1 (2): 205-214.

[88] Lundvall B., Johnson B. The learning economy [J]. Industry & Innovation, 1994, 1 (2): 23-42.

[89] Lybbert T. J., Zolas N. J. Getting patents and economic data to speak to each other: An algorithmic links with probabilities' approach for joint analyses of patenting and economic activity [J]. Research Policy, 2014, 43 (3): 530-542.

[90] Marshall A. Principles of economics [M]. London: Macmillan, 1916.

[91] Martin R. Measuring knowledge bases in Swedish Regions [J]. European Planning Studies, 2012, 20 (9): 1569-1582.

[92] Moineddin R., Beyene J., Boyle E. On the location quotient confidence interval [J]. Geographical Analysis, 2003, 35 (3): 249-256.

[93] Mostafa S. R., Nurwati B., Mastura J. City Development Strategies (CDS) and sustainable urbanization in developing world [J]. Social and Behavioral Sciences, 2012 (36): 623-631.

[94] Mu J., Tang F., MacLachlan D. L. Absorptive and disseminative capacity: Knowledge transfer in intra-organization networks [J]. Expert Systems with Applications, 2010 (37): 31-38.

[95] Mumford M. D., Medeiros K. E., Partlow P. J. Creative thinking: Processes, strategies, and knowledge [J]. Journal of Creative Behavior, 2012, 46 (3): 30-47.

[96] Mutawa N. A. Baggili I., Marrington A. Forensic analysis of social networking applications on mobile devices [J]. Digital Investigation, 2012, 9 (15): S24-S33.

[97] Newman M. E., Girvan M. Finding and evaluating community structure in networks [J]. Physical Review E Statistical Nonlinear & Soft Matter Physics, 2004, 69 (2): 1-15.

[98] No H., Park Y. Trajectory patterns of technology fusion: Trend analysis and taxonomical grouping in nanobiotechnology [J]. Technological Forecasting and Social Change, 2010, 77 (1): 63-75.

[99] Nonaka I. A dynamic theory of organizational knowledge creation [J]. Organization Science, 1994, 5 (1): 14-37.

[100] Nonaka I., Waterman R. The knowledge creating company [M]. Oxford: Oxford University Press, 1995.

[101] Northam R. M. Urban geography [M]. 2nd edn. New York: John Wiley & Sons, 1979.

[102] Oh C., Joo S. H. Is the technological capability gap between Hyundai and Mitsubishi converging or diverging Findings from patent data analysis [J]. Asian Journal of Technology Innovation, 2015, 23 (S1): 109-128.

[103] Pelkonen A., Nieminen M. How beneficial is a knowledge-based development strategy for peripheral regions? A case study [J]. European Planning Studies, 2015, 24 (2): 364-386.

[104] Polanyi M. Knowledge and being [J]. New York: Routledge, 1962.

[105] Popescu A. C., Farid H. Exposing digital forgeries by detecting duplicated image regions [R]. Technical Report, TR2004 - 515, Dartmouth College, 2004.

[106] Popescu A. C., Farid H. Exposing digital forgeries by detecting traces

of re-sampling [J]. IEEE Transactions on Signal Processing, 2005b, 53 (2): 758-767.

[107] Popescu A. C., Farid H. Exposing digital forgeries in color filter array interpolated images [J]. IEEE Transactions on Signal Processing, 2005a, 53 (10): 3948 - 3959.

[108] Porter M. E. How competitive forces shape strategy [J]. Harvard Business Review, 1979, 57 (3): 137-156.

[109] Rain C. Design patent map visualization display [J]. Expert Systems with Applications, 2009 (36): 12362-12374.

[110] Ravikumar S., Agrahari A., Singh S. N. Mapping the intellectual structure of scientometrics: A co-word analysis of the journal Scientometrics (2005-2010) [J]. Scientometrics, 2015, 102 (1): 929-955.

[111] Rogers M. A survey of economic growth [J]. The Economic Record, 2003 (79): 212-235.

[112] Roper S., Hewitt-Dundas N. Knowledge stocks, knowledge flows and innovation: Evidence from matched patents and innovation panel data [J]. Research Policy, 2015, 44 (7): 1327-1340.

[113] Roussev V., Garfinkel S. L. File fragment classification—The case for specialized approaches [C]. International IEEE Workshop on Systematic Appro-ches to Digital Forensic Engineering, 2009: 3-4.

[114] Saint-Onge H. Tacit knowledge: The key to the strategic alignment of intellectual capital [J]. Strategy & Leadership, 1996, 24 (24): 10-16.

[115] Sato Y., Yamamoto K. Population concentration, urbanization, and demographic transition [J]. Journal of Urban Economics, 2005, 58 (1): 45-61.

[116] Schmoch U., Francoise L., Pari P., Frietsch R. Linking technology areas to industrial sectors: Final reports to the European commission [R]. DG

Research, November 2003.

[117] Schmoch U. Concept of a technology classification for country comparisons. Final report to the World Intellectial Property Office (WIPO) [R]. Fraunhofer ISI, 2008.

[118] Schumpeter J. The theory of economic development [M]. Oxford: Oxford University Press, 1912.

[119] Segev A., Kantola J. Identification of trends from patents using self-organizing maps [J]. Expert Systems with Applications, 2012 (39): 13235-13242.

[120] Seol H., Lee S., Kim C. Identifying new business areas using patent information: A DEA and text mining approach [J]. Expert Systems with Applications, 2011 (38): 2933-2941.

[121] Sherif K. An adaptive strategy for managing knowledge in organizations [J]. Journal of Knowledge Management, 2006, 10 (4): 72-80.

[122] Son C., Suh Y., Jeon J., Park Y. Development of a GTM-based patent map for identifying patent vacuums [J]. Expert Systems with Applications, 2012 (39): 2489-2500.

[123] Sungjoo L., ByungunY., Yongtae P. An approach to discovering new technology opportunities: Keyword-based patent map approach [J]. Technovation, 2009 (29): 481-497.

[124] Swaminathan A., Wu M., Liu K. Nonintrusive component forensics of visual sensors using output images [J]. IEEE Transactions on Information Forensics & Security, 2007, 2 (1): 91-106.

[125] Tang W. Urbanisation in China: A review of its causal mechanisms and spatial relations [J]. Progress in Planning, 1997, 48 (1): 1-65.

[126] Tsai W. H., Tsai M. H., Li S. T., Lin C. H. Harmonizing firms' knowledge and strategies with organizational capabilities [J]. Journal of Computer

Information Systems, 2012, 53 (1): 23-32.

[127] Velez M. A., Gonzalez C. B. Knowledge and economic growth: A strategy for developing countries [J]. Revista de Economia Mundial, 2008 (18): 65-77.

[128] Velichety S., Ram S. Common citation analysis and technology overlap factor: An empirical investigation of litigated patents using network analysis [C]. Design Science Research in Information Systems: Advances in Theory and Practice, 2012: 287-293.

[129] Verbeek A., Debackere K., Luwel M., et al. Linking science to technology: Using bibliographic references in patents to build linkage schemes [J]. Scientometrics, 2002, 54 (3): 399-420.

[130] Verspagen B., Moergastel T., Slabbers M. MERIT concordance tables: IPC-ISIC (Rev. 2) [R]. MERIT Research Memorandum, February 1994.

[131] Wang H., He Q., Liu X., et al. Global urbanization research from 1991 to 2009: A systematic research review [J]. Landscape and Urban Planning, 2012, 104 (3-4): 299-309.

[132] Wang P., Tong T. W., Koh C. P. An integrated model of knowledge transfer from MNC parent to China subsidiary [J]. Journal of World Business, 2004 (39): 168-182.

[133] Wanzenböck I., Scherngell T., Brenner T. Embeddedness of regions in European knowledge networks [J]. Annals of Regional Science, 2014, 53 (2): 337-368.

[134] Wong C., Fung H. Science-technology-industry correlative indicators for policy targeting on emerging technologies: Exploring the core competencies and promising industries of aspirant economies [J]. Scientometrics, 2017, 111 (2): 841-867.

[135] Wu W. W. Choosing knowledge management strategies by using a combined ANP and DEMATEL approach [J]. Expert Systems with Applications, 2008 (35): 828-835.

[136] Wu W. W., Lee Y. T. Selecting knowledge management strategies by using the analytic network process [J]. Expert Systems with Applications, 2007 (32): 841-847.

[137] Yang C. W., Fang S. C., Lin J. L. Organisational knowledge creation strategies: A conceptual framework [J]. International Journal of Information Management, 2010 (30): 231-238.

[138] Yigitcanlar T., Lonnqvist A. Benchmarking knowledge-based urban development performance: Results from the international comparison of Helsinki [J]. Cities, 2013 (31): 357-369.

[139] Yoon B. Strategic visualisation tools for managing technological information [J]. Technology Analysis & Strategic Management, 2010, 22 (3): 377-397.

[140] Yunwei C., Zhiping Y., Shu F., Zhengyin H., Meyer M., Bhattacharya S. A patent based evaluation of technological innovation capability in eight economic regions in PR China [J]. World Patent Information, 2009 (31): 104-110.

[141] Zack M. H. Developing a knowledge strategy [J]. California Management Review, 1999, 41 (3): 125-145.

[142] Zhang K. H., Song S. Rural-urban migration and urbanization in China: Evidence from time-series and cross-section analyses [J]. China Economic Review, 2003, 14 (4): 386-400.

[143] Zhang W., Zhang Q., Yu B., et al. Knowledge map of creativity research based on keywords network and co-word analysis, 1992-2011 [J].

Quality & Quantity, 2015, 49 (3): 1023-1038.

[144] Zheng S., Zhang W., Du J. Knowledge-based dynamic capabilities and innovation in networked environments [J]. Journal of Knowledge Management, 2011, 15 (6): 1035-1051.

[145] [德] Mertins K., Heisig P., Vorbeck J. 知识管理原理及最佳实践 [M]. 赵海涛, 彭瑞梅译. 北京: 清华大学出版社, 2004.

[146] [美] Tiwanna A. 知识管理十步走: 整合信息技术、策略与知识平台 [M]. 董小英, 李东, 祁延莉译. 北京: 电子工业出版社, 2004.

[147] [美] W. W. 罗斯托. 经济增长的阶段 [M]. 北京: 商务印书馆, 1962.

[148] [日] 野中郁次郎, 竹内广隆. 创造知识的公司: 日本公司是如何创造创新动力学的 [M]. 科学技术部国际合作司, 1999.

[149] 陈搏. 知识城市与社会知识管理 [J]. 科技管理研究, 2012 (1): 139-142.

[150] 陈锐. 公司知识管理 [M]. 太原: 山西经济出版社, 2000.

[151] 陈悦, 陈超美, 刘则渊等. CiteSpace 知识图谱的方法论功能 [J]. 科学学研究, 2015, 33 (2): 242-253.

[152] 程进, 曾刚, 方田红. 新型城市化背景下我国新城区产业升级的困境与出路 [J]. 经济地理, 2012 (1): 46-50.

[153] 丁任重, 吴波. 城市现代化的特征与路径 [J]. 城市问题, 2012 (6): 24-29.

[154] 董雅, 张郢娴. 过度城市化问题与城乡协调互动发展 [J]. 求索, 2012 (7): 55-57.

[155] 郭克莎, 汪红驹. 经济新常态下宏观调控的若干重大转变 [J]. 中国工业经济, 2015 (11): 5-15.

[156] 郭强. 论 KM 与 CKO 制度的构建 [J]. 情报资料工作, 1999

(6): 36-38.

[157] 郭志仪，丁刚. 基于 PDL 模型的我国省域城市化水平预测研究 [J]. 中国软科学, 2005 (3): 99-104.

[158] 胡鞍钢，熊义志. 我国知识发展的地区差距分析：特点、成因及对策 [J]. 管理世界, 2000 (3): 5-17.

[159] 胡鞍钢. 中国特色自主创新道路 (1949-2012) [J]. 中国科学院院刊, 2014, 29 (2): 141-157.

[160] 黄建毅，刘毅，马丽，高晓路，季珏. 城市区域的发展定位研究 [J]. 干旱区资源与环境, 2012, 26 (9): 119-124.

[161] 江喜科. 不能用城市化思维指导城镇化实践 [J]. 中国发展观察, 2014 (2): 12-15.

[162] 蒋贵凰，纪雪洪，李晨光. 基于专利地图的我国汽车产业区域合作与专利布局研究 [J]. 科技管理研究, 2018 (20): 158-163.

[163] 蒋贵凰，李晨光，范景军. 我国城镇化研究热点演进的知识图谱分析 [J]. 城市发展研究, 2016, 23 (10): 46-51.

[164] 蒋贵凰，李晨光，孙道银. 区域知识能力的测度方法研究 [J]. 2018, 36 (9): 142-147.

[165] 蒋贵凰，钟少颖，刘亚清. 谈我国城镇化动力机制的演变及新型城镇化对策 [J]. 商业经济研究, 2015 (5): 59-61.

[166] 蒋贵凰，李艳，钟少颖. 区域知识战略定位方法研究：专利地图法的应用 [J]. 情报理论与实践, 2014, 37 (11): 44-49.

[167] 蒋贵凰. 基于专利视角的区域知识结构测度方法研究 [J]. 现代情报, 2017, 37 (12): 64-69.

[168] 蒋贵凰. 传统城镇化的弊端与新型城镇化的难题——基于文献综述的思考 [J]. 商业时代, 2014 (5): 26-28.

[169] 蒋玉石，康宇航. 基于专利地图的技术创新可视化研究 [J]. 科

研管理，2013（10）：50-57.

［170］赖明勇，周玉波. 国内外城市品牌建设模式差异研究［J］. 求索，2011（8）：87-88.

［171］李程骅. 科学发展观指导下的新型城镇化战略［J］. 求是，2012（14）：35-37.

［172］李华伟，董小英，左美云. 知识管理的理论与实践［M］. 北京：华艺出版社，2002.

［173］李佳洺，孙铁山，李国平. 中国三大都市圈核心城市职能分工及互补性的比较研究［J］. 地理科学，2010（4）：503-509.

［174］李建霞，吴玉鸣. 中国西部区域知识创新能力与教育创新战略对策［J］. 中国科技论坛，2010（1）：74-78.

［175］李莉，杨亚晶. 国内知识管理研究综述［J］. 现代情报，2005，25（10）：9-11.

［176］李若愚. 新型城镇化路在何方？［N］. 财经界，2013-02-19.

［177］李晓梅. 中国城镇化模式研究综述［J］. 西北人口，2012（2）：45-48.

［178］林春培，张振刚，田帅. 基于企业技术能力和技术创新模式相互匹配的引进消化吸收再创新［J］. 中国科技论坛，2009（9）：47-51.

［179］刘少华，夏悦瑶. 新型城镇化背景下低碳经济的发展之路［J］. 湖南师范大学社会科学学报，2012（3）：84-87.

［180］刘晓英，王元地. 我国区域知识结构效率评价［J］. 科学学与科学技术管理，2005（12）：54-57.

［181］毛汉英. 京津冀协同发展的机制创新与区域政策研究［J］. 地理科学进展，2017，36（1）：2-14.

［182］梅术文. 创新驱动发展战略下专利政策法律化路径研究［J］. 科技进步与对策，2014（1）：111-115.

［183］牛文元. 新型城市化建设：中国城市社会发展的战略选择［J］. 中国科学院院刊，2012（6）：670-677.

［184］邱均平，段宇锋. 论知识管理与竞争情报［J］. 图书情报工作，2000（4）：11-14.

［185］史舸，吴志强，孙雅楠. 城市规划理论类型划分的研究综述［J］. 国际城市规划，2009，24（1）：48-55.

［186］宋迎昌. 京津冀协同发展相关研究文献综述［J］. 城市，2016（2）：21-25.

［187］苏屹，李柏洲，喻登科. 区域创新系统知识存量的测度与公平性研究［J］. 中国软科学，2012（5）：157-174.

［188］孙立立. 国内企业知识管理研究综述［J］. 津图学刊，2003（6）：47-52.

［189］孙启明，王浩宇. 基于复杂网络的京津冀产业关联对比［J］. 经济管理，2016（4）：24-35.

［190］孙施文. 现代城市规划理论［M］. 北京：中国建设工业出版社，2007.

［191］孙晓华，柴玲玲. 相关多样化、无关多样化与地区经济发展——基于中国 282 个地级市面板数据的实证研究［J］. 中国工业经济，2012（6）：5-17.

［192］孙耀吾，李丽波. 服务创新管理研究前沿与热点知识图谱分析［J］. 科技进步与对策，2015，32（23）：135-142.

［193］田庆宜，郭弘. 毁损移动智能终端取证技术分级模型研究［J］. 信息网络安全，2017（2）：29-34.

［194］田雪原. 城镇化还是城市化［J］. 人口学刊，2013，35（6）：5-10.

［195］王斌. 网络结构视角下的知识存量势差演化路径研究［J］. 情报理论与实践，2015（1）：49-52.

［196］王发曾. 中原经济区的新型城镇化之路［J］. 经济地理，2010（12）：1972-1977.

［197］王良健，罗凤. 基于农民满意度的我国惠农政策实施绩效评估［J］. 农业技术经济，2010（1）：56-63.

［198］王小刚，王建平. 走新型城镇化道路［J］. 社会科学研究，2011（5）：40-42.

［199］王兴旺，汤琰洁. 基于专利地图的技术预测体系构建及其实证研究［J］. 情报理论与实践，2013（3）：51-55.

［200］魏后凯. 我国镇域经济科学发展研究［J］. 江海学刊，2010（2）：80-86.

［201］魏丽华. 建国以来京津冀协同发展的历史脉络与阶段性特征［J］. 深圳大学学报（人文社会科学版），2016，33（6）：143-150.

［202］魏冶，修春亮，孙平军. 21 世纪以来中国城镇化动力机制分析［J］. 地理研究，2013（9）.

［203］温锋华，谭翠萍，李桂君. 京津冀产业协同网络的联系强度及优化策略研究［J］. 城市发展研究，2017，24（1）：35-43.

［204］吴丰林. 基于杠杆原理的城市定位与发展战略研究［J］. 规划研究，2011，35（4）：9-14.

［205］吴淼，刘莘. 城市化进程中小城镇发展滞后原因探析［J］. 城市问题，2012（9）：40-44.

［206］吴敏华. 知识城市研究综述［J］. 城市问题，2011（1）：29-35.

［207］吴同，李思其，杨卫军等. 基于 KMP 算法的云存储数据取证方法研究［J］. 信息网络安全，2017（12）：36-39.

［208］肖沪卫，顾震宇. 专利地图方法与应用［M］. 上海：上海交通大学出版社，2011.

［209］邢李志. 链路预测视角下京津冀现代制造业产业转移路径研究

[J]. 科技进步与对策，2017，34（4）：54-59.

[210] 杨万江，蔡红辉. 近十年来国内城镇化动力机制研究述评 [J]. 经济论坛，2010（6）：18-20.

[211] 杨永华. 发展经济学流派研究 [M]. 北京：人民出版社，2007.

[212] 姚士谋，陆大道，王聪，段进军，武清华. 中国城镇化需要综合性的科学思维——探索适应中国国情的城镇化方式 [J]. 地理研究，2011（11）：1947-1955.

[213] 于丽艳，毕克新. 基于国际专利分类法的中国专利布局实证研究 [J]. 中国软科学，2009（3）：186-192.

[214] 余斌，吴振宇. 中国经济新常态与宏观调控政策取向 [J]. 改革，2014（11）：17-25.

[215] 俞万源. 城市化动力机制：一个基于文化动力的研究 [J]. 地理科学，2012（11）：1335-1339.

[216] 张丙宣，周涛. 智慧能否带来治理——对新常态下智慧城市建设热的冷思考 [J]. 武汉大学学报（哲学社会科学版），2016（1）：21-31.

[217] 张鸿雁. 城市定位论——城市社会学理论视野下的可持续发展战略 [M]. 南京：东南大学出版社，2008.

[218] 张建云. 转变传统城市化理念以农业产业化带动农村就地城市化 [J]. 理论学刊，2010（9）：45-48.

[219] 张淑莲，郝明，刘晓欣. 基于区域产业链的京津冀装备制造业协同发展研究 [J]. 中国统计，2016（11）：19-21.

[220] 张义丰，穆松林. 基于地域识别的城市定位及发展模式 [J]. 资源科学，2011，33（12）：2394-2400.

[221] 张毅. 三农问题政策建议——“千村调查”系列报告之六 [J]. 调研世界，2016（1）：26-28.

[222] 张占仓，孟繁华，杨迅周，李明. 河南省新型城镇化实践与对策

研究综述［J］. 管理学刊，2012，25（4）：102-106.

［223］赵丹群. 基于 CiteSpace 的科学知识图谱绘制若干问题探讨［J］. 情报理论与实践，2012，35（10）：56-58.

［224］赵福全，刘宗巍，郝瀚等. 中国实现汽车强国的战略分析和实施路径［J］. 中国科技论坛，2016（8）：45-51.

［225］中国企业家调查系统等. 新常态下的企业创新：现状、问题与对策——2015·中国企业家成长与发展专题调查报告［J］. 管理世界，2015（6）：22-33.

［226］周国富，徐莹莹，高会珍. 产业多样化对京津冀经济发展的影响［J］. 统计研究，2016，33（12）：28-36.

［227］周为民. 按现代化规律推进城市化［J］. 上海行政学院学报，2014，15（4）：10-11.

［228］周亚昆，辛玉华. 中国城镇化道路的特色浅探［J］. 经济纵横，2001（5）：37-40.

［229］周一星. 城市地理学［M］. 北京：商务印书馆，1995.